Lothar Birko

Schriftverkehr am Bau

261 kaufmännische Briefe
aus der Baupraxis
mit Sachverhalt, Aufgabenstellung
und Suchregister
unter besonderer Berücksichtigung
des Briefwechsels in der
Arbeitsgemeinschaft (ARGE)

3. Auflage

BAUVERLAG GMBH · WIESBADEN UND BERLIN

Die Deutsche Bibliothek – CIP-Einheitsaufnahme

Birko, Lothar:
Schriftverkehr am Bau : 261 kaufmännische Briefe aus der
Baupraxis mit Sachverhalt, Aufgabenstellung und Suchregister
unter besonderer Berücksichtigung des Briefwechsels in der
Arbeitsgemeinschaft (ARGE) / Lothar Birko. - 3. Aufl. -
Wiesbaden ; Berlin : Bau-Verl., 1996

ISBN-13: 978-3-322-84888-8   e-ISBN-13: 978-3-322-84887-1
DOI: 10.1007/978-3-322-84887-1

1. Auflage 1984
2., durchgesehene Auflage 1991
3. Auflage 1996

Gesamtherstellung: Wetzlardruck GmbH, Wetzlar

Vorwort

Seit Beginn meiner Ausbildertätigkeit mußte ich immer wieder feststellen, daß Ausbildungs- und Berufsschulzeit sehr oft nicht ausreichen, um dem Auszubildenden genügend praktische Erfahrung bei der form- und stilgerechten Abfassung von Geschäftsbriefen zu vermitteln. Diese Tatsache hat mich dazu veranlaßt, Sachverhalte, Aufgaben und dazugehörige Musterbriefe aus der Praxis zusammenzutragen, welche täglich im kaufmännischen Schriftverkehr zu bearbeiten sind und deren Bewältigung häufig Probleme bereitet. Dies gilt besonders für den Umgang mit dem ARGE-Vertrag, der – soweit erforderlich – auszugsweise mit abgedruckt wurde und auf den sich ein Großteil der behandelten Themen bezieht. (Der komplette ARGE-Vertrag, herausgegeben vom Hauptverband der Deutschen Bauindustrie, ist ebenfalls beim Bauverlag erhältlich.)

Sowohl Auszubildende und Berufsanfänger, die sich auf die Problematik des Baugewerbes vorbereiten wollen, als auch Routiniers, die gelegentlich nach einer gelungenen Formulierung suchen, finden hier reichhaltiges Übungsmaterial.

Mit Hilfe des Suchregisters sind Sachverhalt, Aufgabenstellung und Musterbrief schnell aufzufinden, was dieses Buch zu einem praktischen Ratgeber bei Aufgaben verschiedenster Art macht.

Da die Abfassung der Musterbriefe allgemein gehalten ist, sind sie problemlos den jeweiligen Erfordernissen anzupassen bzw. um die notwendigen Ergänzungen zu erweitern. Das Buch erhebt dennoch nicht den Anspruch auf Vollständigkeit, und ich bin jederzeit dankbar für entsprechende Hinweise.

Lothar Birko

Nürnberg, Januar 1996

Inhalt

1 Schriftwechsel zwischen ARGE-Bauleitung und den Partnerfirmen

1.1 Briefe von der ARGE-Bauleitung an Partnerfirmen

Musterbrief 1.1.1

Sachverhalt

Die Partnerfirma M & S läßt für uns, die ARGE, einige Fremdtransporte mit einem VW-Bus ausführen. Wir erhalten die Rechnung der Fremdfirma, worin uns Transportkosten für eine Entfernung von 195 km belastet werden.

Aufgabe

Wir, die ARGE, teilen der Firma M & S diesen Sachverhalt mit und kündigen an, daß wir die Kosten nur bis zu einer Entfernung von 50 km übernehmen werden und verweisen auf § 15.35 und 15.331 AV.

ARGE-Bauleitung an Partnerfirmen

Fremdtransport

Sehr geehrte Damen und Herren,

nach Erhalt der Rechnung der Firma »Schnell-Kurier« konnten wir feststellen, daß als Rechnungsgrundlage eine Transportentfernung von 195 km angenommen wurde.

Gemäß § 15.331 AV wurde eine Höchstentfernung von 50 km festgelegt, und laut § 15.35 hat die ARGE Fremdtransporte auch nur bis zu dieser Entfernung zu übernehmen.

Da Sie Auftraggeber dieses Transportes waren, werden wir Ihnen den verauslagten Differenzbetrag in Rechnung stellen.

Wir bitten um Kenntnisnahme.

Mit freundlichen Grüßen

(ARGE-Bauleitung)

Musterbrief 1.1.2

Sachverhalt

Die Partnerfirma H & S hielt am 15. 09. 95 eine Betriebsversammlung ab. Dazu hatte sie auch die bei unserer ARGE tätigen Müller und Meier ab 13.00 Uhr in ihr Niederlassungsbüro eingeladen. Die Ausfallzeit beider Leute von jeweils vier Arbeitsstunden stellen wir der Firma H & S in Rechnung.

Aufgabe

Wir, die ARGE, senden der Firma H & S unsere Rechnung Nr. 17, vom 22. 09. 95, mit einem kurzen Begleitschreiben zu, mit dem Hinweis auf die Verrechnungsmöglichkeit laut § 12.15 AV.

ARGE-Bauleitung an Partnerfirma

Betriebsversammlung vom 15. 09. 95
hier: Unsere Rechnung Nr. 17 vom 22. 09. 95

Sehr geehrte Damen und Herren,

an Ihrer am 15. 09. 95 stattgefundenen Betriebsversammlung haben u. a. auch die durch unsere Baustelle abgerechneten Arbeitnehmer Müller und Meier teilgenommen.

Gem. § 12.15 AV übernimmt die freistellende Stammfirma diese Kosten.

Wir bitten um Anerkennung unserer beiliegenden Rechnung Nr. 17.

Mit freundlichen Grüßen

(ARGE-Bauleitung)

Musterbrief 1.1.3

Sachverhalt

Der von der Partnerfirma H & S zur ARGE abgestellte Kran war defekt und wurde daraufhin von H & S-Personal auf der Baustelle repariert. Die Reparatur wurde von drei Monteuren ausgeführt, die insgesamt je acht Stunden Reparaturzeit, incl. der An- und Abfahrtszeit, die mit einem Werkstattwagen bis 1,5 t erfolgte, benötigten.
Firma H & S berechnet uns daraufhin acht Stunden Benutzung des Werkstattwagens á 90,– DM, laut § 15.344 AV und insgesamt 24 Stunden Spezialbaufacharbeiter nach § 12.231 AV und Zuschläge laut § 12.371 AV.

Aufgabe

Die ARGE schreibt der Firma H & S einen Brief mit der Bitte um Stornierung und Neuausstellung laut § 15.344 AV und § 15.344.1 AV. Die uns zugesandte Rechnung geben wir mit diesem Schreiben zurück an die Partnerfirma H & S.

ARGE-Bauleitung an Partnerfirma

Ihre Rechnung Nr. 3/845/8121 vom 16. 08. 95

Sehr geehrte Damen und Herren,

anliegend geben wir Ihre im Betreff genannte Rechnung zu unserer Entlastung zurück und bitten um Neuausstellung.

Laut § 15.344.1 AV ist vereinbart, daß der Stundensatz in Höhe von 90,– DM den Fahrer beinhaltet und demnach eine Verrechnung von 24 Arbeitsstunden zuzüglich 8 Std. Werkstattwagen nicht möglich ist.

Wir bitten 16 Arbeitsstunden laut § 12.321 AV mit den Zuschlägen gem. 12.371 AV und 8 Werkstattwagenstunden mit den Sätzen aufgrund § 15.344 bzw. 15.344.1 AV zu berechnen.

Mit freundlichen Grüßen

(ARGE-Bauleitung)

Anlage

Musterbrief 1.1.4

Sachverhalt
Wir, die ARGE, erhalten von der Partnerfirma M & S laufend Partnerrechnungen ohne eine für die ARGE angelegte Nummernfolge.

Aufgabe
Mit einem kurzen Schreiben weisen wir, die ARGE, die Firma M & S darauf hin, daß dies aufgrund § 8.9 AV nicht korrekt ist und bitten künftig um Beachtung.

ARGE-Bauleitung an Partnerfirma

Partnerrechnungen

Sehr geehrte Damen und Herren,

wir weisen höflichst darauf hin, daß die von Ihrer Firma eingehenden Partnerrechnungen keine für die ARGE bestimmte Nummernfolge haben.

Wir bitten um Beachtung und verweisen diesbezüglich auf § 8.9 AV.

Mit freundlichen Grüßen

(ARGE-Bauleitung)

Musterbrief 1.1.5

Sachverhalt
Aus witterungsbedingten Gründen kann nicht gearbeitet werden.

Aufgabe
Wir, die ARGE-Bauleitung, beantragen daraufhin bei den Geschäftsführungen der Partnerfirmen Stillstandmiete aufgrund § 14.412.2 AV für alle auf der Baustelle befindlichen Geräte ab 01. 12. 95 bis voraussichtlich 28. 02. 96.

ARGE-Bauleitung an alle Partnerfirmen

Gerätestillstand

Sehr geehrte Damen und Herren,

infolge der anhaltend schlechten Witterungsverhältnisse und wegen der langfristig negativen Prognosen des Deutschen Wetterdienstes beantragen wir für alle auf der Baustelle befindlichen Geräte Stillstandsmietberechnung für die Zeit ab 01. 12. 95 bis voraussichtlich 28. 02. 1996.

Wir verweisen in diesem Zusammenhang auf § 14.412.2 AV, wo durch die Aufsichtsstelle das Aussetzen der Berechnung beschlossen werden kann.

Im Interesse der Baustelle hoffen wir auf eine positive Entscheidung.

Mit freundlichen Grüßen

(ARGE-Bauleitung)

Musterbrief 1.1.6

Sachverhalt
Die Partnerfirma M & S hat Sub-Verträge mit den Firmen Huber und Maier abgeschlossen, die uns, der Bauleitung, nicht vorliegen.

Aufgabe
Wir, die ARGE, fordern diese Verträge nochmals schriftlich an, nachdem wir schon zweimal, am 10. 07. und am 04. 08. 95, um Zusendung gebeten haben. Wir verweisen auf § 7.5 AV.

ARGE-Bauleitung an Partnerfirma

Nachunternehmerverträge

Sehr geehrte Damen und Herren,

wie bereits am 10. 07. und 04. 08. 95 möchten wir unter Hinweis auf § 7.5 AV nochmals um Hergabe von Kopien der Sub-Verträge mit den Firmen Huber und Maier bitten.

Wir weisen darauf hin, daß ohne Vorliegen der Vertragsunterlagen eine korrekte Prüfung der bereits eingegangenen Rechnungen nicht möglich ist.

Mit freundlichen Grüßen

(ARGE-Bauleitung)

Musterbrief 1.1.7

Sachverhalt
Die Partnerfirma H & S hat uns, der ARGE, eine zwar preislich und rechnerisch, nicht aber sachlich prüfbare Partnerrechnung zugesandt. Trotz mehrfacher telefonischer und auch schriftlicher Anforderungen wurde uns ein von der Baustelle anerkannter Versand- oder Lieferschein nicht vorgelegt.

Aufgabe
Wir, die ARGE, geben diese Rechnung Nr. 272 zu unserer Entlastung wieder an H & S zurück, da wir annehmen, daß es sich um einen Irrläufer handelt.
Sachverhalt im Brief nochmals kurz erläutern.

ARGE-Bauleitung an Partnerfirma

Ihre Rechnung Nr. 272

Sehr geehrte Damen und Herren,

trotz mehrfacher schriftlicher wie auch telefonischer Anforderungen haben wir keinen von der Baustelle anerkannten Versandschein für Ihre im Betreff genannte Rechnung erhalten.

Wir nehmen an, daß es sich um einen Irrläufer handelt, und geben diese anliegend zu unserer Entlastung an Sie zurück.

Mit freundlichen Grüßen

(ARGE-Bauleitung)

Anlage

Musterbrief 1.1.8

Sachverhalt

Die Partnerfirma M & S verrechnet der ARGE laufend Gebrauchsstoffe etc., die entweder
in der BAL oder auch dem Weber- bzw. INU-Elektrokatalog enthalten sind, ohne jedoch
die jeweilige Katalog-Nummer anzugeben.

Aufgabe

Wir, die ARGE, machen M & S darauf aufmerksam, daß laut § 13.5 AV diese Nummern bei
der Verrechnung angegeben werden müssen. Außerdem weisen wir darauf hin, daß beim
Fehlen der Nummern ein erheblicher zeitlicher Mehraufwand zur Prüfung der Rechnungen nötig ist.

ARGE-Bauleitung an Partnerfirma

Ihre Partnerrechnungen

Sehr geehrte Damen und Herren,

bei den bisherigen Gebrauchsstoffverrechnungen mußten wir leider feststellen,
daß Sie weder die Nummern aus der BAL noch die aus dem Weber- bzw. INU-
Elektrokatalog angeben.

Durch das Fehlen der Nummern ist ein nicht unerheblicher zeitlicher und damit
auch kostenmäßig höherer Prüfaufwand erforderlich.

Wir bitten um Kenntnisnahme und Verrechnung gem. § 13.5 AV.

Mit freundlichen Grüßen

(ARGE-Bauleitung)

Musterbrief 1.1.9

Sachverhalt
An einem von Partnerfirma Schmittke beigestellten Kran wurde eine Reparatur durch Schmittke-Personal ausgeführt, wobei die Anfahrt zur Baustelle mit einem Werkstattwagen bis 1,5 t erfolgte. Schmittke verrechnet der ARGE daraufhin einen Stundensatz von 95,– DM, was wir, die ARGE, nicht akzeptieren.

Aufgabe
Wir schreiben dies der Firma Schmittke, verweisen auf § 15.344 AV und teilen ihr weiterhin mit, daß wir ihre Rechnung Nr. 3475 vom 30. 06. 95 dementsprechend abgeändert haben.

ARGE-Bauleitung an Partnerfirma

Ihre Rechnung Nr. 3475 vom 30. 06. 95

Sehr geehrte Damen und Herren,

da Ihr Personal zur Reparatur des Kranes mit einem Werkstattwagen bis 1,5 t zur Baustelle angefahren ist, haben wir den berechneten Stundensatz lt. § 15.344 AV auf 90,– DM/h richtiggestellt.

Wir bitten um Kenntnisnahme.

Mit freundlichen Grüßen

(ARGE-Bauleitung)

Musterbrief 1.1.10

Sachverhalt

Partner H & S hat auf der Baustelle eine Reparatur an einem von ihm beigestellten Kompressor durchgeführt, wobei die Anfahrt zur Baustelle mit einem normalen VW-Bus der Firma H & S erfolgte. Firma H & S verrechnet uns, der ARGE, hierfür einen Stunden-Satz von 95,– DM, was wir nicht anerkennen.

Aufgabe

Wir, die ARGE, schreiben H & S einen Brief, mit dem wir seine Rechnung Nr. 3923 vom 28. 07. 95 zurückgeben und um Neuausstellung bitten. Wir bitten um Verrechnung nach § 12.32 AV, als Personalabstellung = Arbeitsstunden x Stundenlohn + 110 % Zuschlag laut § 12.371 AV und um Verrechnung von km-Geld für die mit dem Bus gefahrenen 54 km laut § 15.343.2 AV.

ARGE-Bauleitung an Partnerfirma

Ihre Rechnung Nr. 3923 vom 28. 07. 95

Sehr geehrte Damen und Herren,

in der Anlage geben wir Ihre o.g. Rechnung mit der Bitte um Neuausstellung zurück.

Die Anfahrt zur Baustelle erfolgte mit einem VW-Bus ohne jede höherwertigere Ausstattung. Die Berechnung eines Werkstattwagens über 1,5 t ist deshalb nicht möglich.

Wir bitten, die geleisteten Arbeitsstunden und die angefallenen Lohnnebenkosten lt. § 12.32 AV mit den Zuschlägen von 110 % auf den steuerpflichtigen Anteil des Lohnes gem. §12.371 AV zu verrechnen.

Da der VW-Bus lediglich als Personaltransportmittel eingesetzt wurde, sind die gefahrenen 54 Kilometer mit je 1,10 DM gem. § 15.343.2 AV zu belasten.

Wir bitten künftig um Beachtung.

Mit freundlichen Grüßen

(ARGE-Bauleitung)

Musterbrief 1.1.11

Sachverhalt
Der von der Partnerfirma Schmittke zur Baustelle abgestellte Kran T 63 ist defekt.

Aufgabe
Wir, die ARGE, fordern von der Firma Schmittke eine Reparaturmannschaft mit Werkstattwagen an, die den Schaden sofort beheben soll.

ARGE-Bauleitung an Partnerfirma

Kranreparatur

Sehr geehrte Damen und Herren,

wie Ihnen bereits telefonisch mitgeteilt wurde, ist der von Ihrer Firma beigestellte Kran T 63 defekt und muß sofort und ohne jede Verzögerung repariert werden.

Zur Schadensbehebung bitten wir, unverzüglich fachlich qualifiziertes Personal mit Werkstattwagen abzustellen.

Mit freundlichen Grüßen

(ARGE-Bauleitung)

Musterbrief 1.1.12

Sachverhalt

Partnerfirma M & S hat zur Baustelle eine Planierraupe beigestellt, für die noch keine Kraftfahrzeughaftpflichtversicherung abgeschlossen wurde, wie wir, die ARGE, feststellen.

Aufgabe

Wir, die ARGE, bitten Firma M & S, für ihre Raupe eine derartige Versicherung abzuschließen, was notwendig ist, da es sich um eine Arbeitsmaschine handelt, deren Höchstgeschwindigkeit über 20 km/h liegt. Wir verweisen diesbezüglich auch auf § 16.21 AV. Außerdem bitten wir um ½jährliche Verrechnung der Versicherungsprämien.

ARGE-Bauleitung an Partnerfirma

Kfz-Haftpflichtversicherung
hier: Planierraupe

Sehr geehrte Damen und Herren,

bei Durchsicht unserer Unterlagen mußten wir leider feststellen, daß für die von Ihnen beigestellte Planierraupe kein Versicherungsschutz besteht.

Da es sich bei diesem Gerät um eine Arbeitsmaschine handelt, deren Höchstgeschwindigkeit über 20 km/h liegt, ist durch Sie eine Kraftfahrzeughaftpflichtversicherung abzuschließen.

Wir verweisen in diesem Zusammenhang auf § 16.21 AV und bitten um eine halbjährige Verrechnung der Prämien.

Für eine sofortige Erledigung danken wir.

Mit freundlichen Grüßen

(ARGE-Bauleitung)

Musterbrief 1.1.13

Sachverhalt
Die Baustelle ist fast beendet und wird soweit möglich geräumt. Dabei wird auch Personal des Partners Schmittke frei.

Aufgabe
Wir, die ARGE, schreiben Schmittke einen Brief, mit dem wir die von ihm zur Baustelle abgestellten Leute Arndt, Brandt, Coll und Darm freimelden. Nachdem jedoch der genaue Abgabetermin des Personals noch nicht feststeht, melden wir das Personal voraussichtlich zum 02. 10. 95 frei und bitten Schmittke um eine vorsorgliche Disposition ab 02. 10. 95 und um Kenntnisnahme.

ARGE-Bauleitung an Partnerfirma

Personalfreimeldung

Sehr geehrte Damen und Herren,

wie bekannt, sind die Arbeiten unserer ARGE weitgehendst abgeschlossen, und in den kommenden Wochen wird die Baustelle geräumt. Infolgedessen ist auch der Personalstand erheblich zu reduzieren.

Wir melden deshalb nachfolgend von Ihrer Firma abgestelltes Personal vorsorglich zum 02. 10. 1995 frei:
Arndt, Wilhelm
Brandt, August
Coll, Friedrich
Darm, Gustav

Da der genaue Termin derzeit noch nicht genannt werden kann, bitten wir um eine vorsorgliche Disposition ab o.g. Termin.

Mit freundlichen Grüßen

(ARGE-Bauleitung)

Musterbrief 1.1.14

Sachverhalt

Partnerfirma H & S tätigt für die ARGE eine Fuhrleistung mit einem VW-Kombi-Fahrzeug und verrechnet dafür einen Stundensatz von 90,– DM.

Aufgabe

Wir, die ARGE, schreiben H & S einen Brief, in dem wir mitteilen, daß wir seine Rechnung Nr. 12786, laut § 15.343.1 AV (KURT) auf den richtigen Stundensatz von 73,10 DM abgeändert haben und bitten um Kenntnisnahme.

ARGE-Bauleitung an Partnerfirma

Ihre Rechnung Nr. 12786
hier: Fuhrleistungen

Sehr geehrte Damen und Herren,

die von Ihnen berechneten Transporte wurden nicht mit einem Werkstattwagen, sondern mit einem VW-Bus durchgeführt.

Laut § 15.343.1 AV haben wir Ihre Rechnung gem. »KURT« auf einen Stundensatz von 73,10 DM abgeändert und richtiggestellt.

Wir bitten um Kenntnisnahme.

Mit freundlichen Grüßen

(ARGE-Bauleitung)

Musterbrief 1.1.15

Sachverhalt
Partnerfirma M & S hat zur Baustelle Schalungsmaterial beigestellt, welches laut Freimeldung vom 14. 08. 95 zu Beginn der 35. Kalenderwoche wieder an M & S zurückgeliefert werden soll.

Aufgabe
Am 21. 08. 95 machen wir M & S nochmals auf diesen Sachverhalt aufmerksam und erfragen gleichzeitig die genaue Versandanschrift.

ARGE-Bauleitung an Partnerfirma

Freimeldung von Schalungsmaterial

Sehr geehrte Damen und Herren,

mit Schreiben vom 14. 08. 95 haben wir darauf hingewiesen, daß zu Beginn der 35. Kalenderwoche von Ihnen beigestelltes Schalmaterial zurückgeliefert werden kann.

Wir möchten nochmals daran erinnern und zwecks Disponierung des Transportes um Bekanntgabe der Versandanschrift bitten.

Für eine baldige Nachricht danken wir.

Mit freundlichen Grüßen

(ARGE-Bauleitung)

Musterbrief 1.1.16

Sachverhalt
Ein Fahrer der Partnerfirma M & S holt von der Baustelle Holz-Bauzauntafeln ab. Nach drei
Kalendertagen erhalten wir von M & S eine Mängelmeldung über den nicht ordnungsgemäßen Zustand der Tafeln. Der Fahrer von M & S hat jedoch bei Abholung des Materials gegenüber unserem Polier Müller bestätigt, daß alles in einwandfreiem Zustand sei
und hat dies auch durch Unterschrift auf dem Versandschein bestätigt.

Aufgabe
Wir, die ARGE, teilen M & S diesen Sachverhalt mit und weisen die Mängelmeldung als
nicht zutreffend zurück.

ARGE-Bauleitung an Partnerfirma

Mängelmeldung Bauzauntafeln

Sehr geehrte Damen und Herren,

wir bestätigen den Erhalt Ihrer Mängelmeldung über die von uns
zurückgelieferten Bauzauntafeln.

Bei Abholung des Materials bestätigte Ihr Fahrer gegenüber unserem Polier,
Herrn Müller, den einwandfreien Zustand aller zurückgegebenen Teile mündlich,
wie auch durch Unterschrift auf dem Versandschein.

Aus vorgenannten Gründen lehnen wir Ihre Mängelmeldung ab und weisen diese
als nicht zutreffend zurück.

Mit freundlichen Grüßen

(ARGE-Bauleitung)

Musterbrief 1.1.17

Sachverhalt
Partnerfirma H & S stellt bei Beginn der ARGE vier Firmentafeln 180 x 200 cm zur Verfügung und verrechnet diese.

Aufgabe
Wir, die ARGE, schicken diese Rechnung mit einem kurzen Anschreiben unter Hinweis auf § 25/1 AV an H & S zurück.

ARGE-Bauleitung an Partnerfirma

Ihre Rechnung Nr. 23
hier: Firmentafeln

Sehr geehrte Damen und Herren,

unter Hinweis auf § 25/1 AV geben wir Ihnen die im Betreff genannte Rechnung mit der Bitte um Stornierung zurück, da Firmentafeln von den Partnerfirmen kostenfrei zu stellen sind.

Mit freundlichen Grüßen

(ARGE-Bauleitung)

Anlage

Musterbrief 1.1.18

Sachverhalt
Auf Veranlassung des Partners M & S erhalten wir, die ARGE, einen Gebührenbescheid
von der Hausbank des Partners M & S über Avalgebühren für eine Bürgschaft.

Aufgabe
Wir reichen diesen Gebührenbescheid unter Hinweis auf § 20.1 AV zur Begleichung an
M & S weiter.

ARGE-Bauleitung an Partnerfirma

Avalgebühren

Sehr geehrte Damen und Herren,

von Ihrer Hausbank haben wir heute eine Belastung über zu zahlende
Avalgebühren für eine von Ihnen beizubringende Bürgschaft erhalten.

Avalgebühren gehen gem. 20.1 AV zu Lasten der Gesellschafter, weshalb wir Ihnen
hiermit den Gebührenbescheid zwecks Begleichung zusenden.

Mit freundlichen Grüßen

(ARGE-Bauleitung)

Musterbrief 1.1.19

Sachverhalt

Auf der Baustelle wird durch einen Fuchs-Bagger 301 ein Telefonkabel der Deutschen Telekom herausgerissen und stark beschädigt. Wir melden diesen Unfall sofort telefonisch bei der kaufmännischen Geschäftsführung und erstellen eine Schadensmeldung mit dem entsprechenden Formular.

Aufgabe

Unter Hinweis auf die bereits fernmündlich erfolgte Meldung machen wir ein Anschreiben zur Schadensmeldung an die kaufmännische Geschäftsführung und bitten hierbei um Meldung des Schadens an die Versicherung laut § 16.531.1 AV.

ARGE-Bauleitung an Partnerfirma

Versicherungsschaden

Sehr geehrte Damen und Herren,

anliegend erhalten Sie eine Schadensmeldung für die bereits fernmündlich durchgegebene Fernmeldekabelbeschädigung bei der Deutschen Telekom. Wir bitten, die Schadensmeldung zu bearbeiten und an die Versicherung weiterzuleiten.

Wir verweisen in diesem Zusammenhang auf § 16.531.1 AV, wo vereinbart ist, daß derartige Schadensfälle durch die kaufmännische Geschäftsführung zu regulieren sind.

Wir danken für Ihre Bemühungen und verbleiben

mit freundlichen Grüßen

(ARGE-Bauleitung)

Anlage

Musterbrief 1.1.20

Sachverhalt
Infolge Windeinwirkung ist auf der Baustelle der von Partner Schmittke beigestellte Turmdrehkran umgefallen und hat erheblichen Sachschaden angerichtet. Nach Aufrechnung aller Kosten wird festgestellt, daß der Kran nicht ausreichend versichert ist und eine Unterdeckung besteht.

Aufgabe
Wir, die ARGE, teilen dies Partner Schmittke mit und kündigen an, daß die Kosten, die infolge der Unterversicherung entstehen, zu Lasten von Schmittke gehen werden. Wir verweisen auf §16.33 bzw. 16.52 AV.

ARGE-Bauleitung an Partnerfirma

Turmdrehkran
hier: Sturmschaden

Sehr geehrte Damen und Herren,

infolge Windeinwirkung ist der von Ihrer Firma beigestellte Turmdrehkran umgekippt, und es entstand ein nicht unerheblicher Sachschaden.

Nach einer vorläufigen Berechnung des entstandenen Schadens wurde festgestellt, daß der Kran infolge ungenügender Deckung des Risikos unterversichert ist.

Wir machen darauf aufmerksam, daß sämtliche aus dieser Unterdeckung resultierenden Kosten zu Ihren Lasten gehen und verweisen auf § 16.33 bzw. 16.52 AV.

Wir bitten um Kenntnisnahme bzw. um baldige Rückantwort.

Mit freundlichen Grüßen

(ARGE-Bauleitung)

Musterbrief 1.1.21

Sachverhalt

Partnerfirma Schmittke stellt zur ARGE für drei Tage einen Kompressor ab, laut telefonischer Vereinbarung zwischen Bauleiter Losch und Herrn Biermann von Partner Schmittke. Der Kompressor soll vom 14. bis 16. 08. 95 zum Einsatz kommen.

Aufgabe

Wir, die ARGE, bestätigen dieses Gespräch schriftlich und weisen darauf hin, daß laut § 14.23 AV die Gerätefreimeldefrist für diesen Kurzeinsatz entfällt.

ARGE-Bauleitung an Partnerfirma

Gerätebeistellung

Sehr geehrte Damen und Herren,

laut telefonischer Vereinbarung zwischen Ihrem Herrn Biermann und unserem Bauleiter Herrn Losch stellen Sie für die Zeit vom 14.–16. 08. 95 einen Kompressor bei.

Der Ordnung halber halten wir fest, daß laut § 14.23 AV die Freimeldefrist für diesen Kurzeinsatz entfällt.

Für Ihr Entgegenkommen danken wir und verbleiben

mit freundlichen Grüßen

(ARGE-Bauleitung)

Musterbrief 1.1.22

Sachverhalt
Zum 15. 08. 95 wurde der von Partner Schmittke beigestellte Kran freigemeldet, weshalb auch der Kranführer zu diesem Zeitpunkt freigemeldet werden kann.

Aufgabe
Fristgerechte Freimeldung des Kranführers Ludwig Paul zum 15. 08. 95 unter Hinweis auf die erfolgte Kranfreimeldung.

ARGE-Bauleitung an Partnerfirma

Personalfreimeldung

Sehr geehrte Damen und Herren,

mit Rücklieferung des von Ihrer Firma beigestellten Peiner T 63 melden wir auch Ihren Kranführer

Herrn Ludwig Paul

fristgemäß zum 15. 08. 95 frei.

Wir bitten um kurzfristige Mitteilung des neuen Einsatzortes und an welche Anschrift die Arbeitspapiere zu senden sind.

Mit freundlichen Grüßen

(ARGE-Bauleitung)

Musterbrief 1.1.23

Sachverhalt
Partner M & S möchte in den Unterkünften unserer ARGE ab 01. 09. 95 Personal übernachten lassen, Personal, das mit unserer ARGE nichts zu tun hat und auf einer anderen M & S-Baustelle arbeitet.

Aufgabe
Wir, die ARGE, schreiben M & S einen Brief, in dem wir mitteilen, daß wir ab 01. 09. 95 insgesamt 8 Schlafplätze für ca. 2 Monate zur Verfügung stellen können. Wir verweisen auf § 10.72 AV, wo 12,– DM pro Kalendertag pro Schlafstelle an die ARGE zu entrichten sind.

ARGE-Bauleitung an Partnerfirma

Unterkunftsgestellung

Sehr geehrte Damen und Herren,

in Beantwortung Ihrer Anfrage können wir ab 01. 09. 95 für etwa zwei Monate acht Schlaf- bzw. Unterkunftsplätze für Ihr Personal anbieten.

Die Verrechnung erfolgt nach § 10.72 AV, wonach für jede Schlafstelle pro Kalendertag ein Satz von 12,– DM zu entrichten ist.

Wir bitten um rechtzeitige Mitteilung, zu welchem Zeitpunkt Ihr Personal die Unterkünfte belegen wird.

Mit freundlichen Grüßen

(ARGE-Bauleitung)

Musterbrief 1.1.24

Sachverhalt
Die ARGE erhält von Partner Schmittke Elektromaterial angeliefert und laut INU-Katalog, abzüglich 20 % Rabatt, verrechnet.
Nach Überprüfung der Rechnung wird jedoch festgestellt, daß alle verrechneten Materialien in der BAL enthalten sind.

Aufgabe
Wir geben die Rechnung Nr. 45654 vom 01. 08. 95 an Schmittke zurück und bitten um Neuausstellung aufgrund § 13.321 AV bzw. § 13.322 AV.

ARGE-Bauleitung an Partnerfirma

Ihre Rechnung Nr. 45654 vom 01. 08. 95

Sehr geehrte Damen und Herren,

da das gesamte von Ihnen verrechnete Elektromaterial in der BAL enthalten ist, kann laut § 13.321 bzw. § 13.322 AV der INU-Elektrokatalog nicht zur Verrechnung herangezogen werden.

Ihre o.g. Belastung geben wir zurück und bitten um Neuausstellung gemäß ARGE-Vertrag.

Mit freundlichen Grüßen

(ARGE-Bauleitung)

Musterbrief 1.1.25

Sachverhalt

Im Januar 1995 wurde infolge schlechter Witterung nur eine sehr geringe Leistung auf der Baustelle erzielt.

Aufgabe

Wir, die ARGE, teilen dies allen Partnern mit und schlagen vor, daß deshalb per 31. 01. 95 kein Monatsabschluß bzw. keine Bilanz erstellt werden soll. Wir bitten um das Einverständnis der Partnerfirmen.

ARGE-Bauleitung an Partnerfirmen

Abschluß per 31. Januar 1995

Sehr geehrte Damen und Herren,

wegen der ungünstigen Witterungsverhältnisse wurde im Januar eine nur sehr geringe Bauleistung erzielt.

Wir schlagen vor, für diesen Zeitraum keine Leistungsmeldung bzw. keinen Monatsabschluß zu erstellen und bitten um Ihr Einverständnis.

Mit freundlichen Grüßen

(ARGE-Bauleitung)

Musterbrief 1.1.26

Sachverhalt

Der von Partner M & S zur Baustelle abgestellte Bauhelfer Fritz Schulz ist für die anfallenden Arbeiten vollkommen ungeeignet.

Aufgabe

Wir, die ARGE, teilen dies M & S mit und melden Schulz am 02. 08. 95 fristgerecht unter Hinweis auf § 12.11 AV zum 15. 08. 95 frei.

ARGE-Bauleitung an Partnerfirma

Personalfreimeldung

Sehr geehrte Damen und Herren,

der von Ihrer Firma freigestellte Arbeitnehmer

Fritz Schulz

ist für die anfallenden und auszuführenden Arbeiten vollkommen ungeeignet.

Unter Hinweis auf § 12.11 AV melden wir Herrn Schulz fristgemäß zum 15. 08. 95 frei und bitten Sie gleichzeitig, Ersatzpersonal zu stellen.

Mit freundlichen Grüßen

(ARGE-Bauleitung)

Musterbrief 1.1.27

Sachverhalt
Partner H & S ist mit der Ausstellung und Zusendung seiner Partnerverrechnungen etwa drei Monate im Rückstand.

Aufgabe
Wir, die ARGE, teilen dies H & S mit und verweisen in diesem Zusammenhang auf § 8.9 AV, wo Rechnungen der Partner bis zum 15. des der Lieferung folgenden Monats vorliegen müssen.

ARGE-Bauleitung an Partnerfirma

Partnerrechnungen

Sehr geehrte Damen und Herren,

nach Durchsicht der uns vorliegenden Unterlagen stellen wir fest, daß Sie mit Ausstellung und Zusendung Ihrer Partnerrechnungen ca. drei Monate im Rückstand sind.

Um für die monatlich zu erstellende Baustellenbewertung eine kostenmäßig genaue Abgrenzung gewährleisten zu können, ist die laut § 8.9 AV festgelegte Frist zur Hergabe der Rechnungen, d. h. bis zum 15. des der Lieferung folgenden Monats, unbedingt einzuhalten.

Wir bitten um Beachtung.

Mit freundlichen Grüßen

(ARGE-Bauleitung)

Musterbrief 1.1.28

Sachverhalt

Baustellenräumung! An Partner M & S werden folgende Geräte freigemeldet: 1 Innenrüttler, Inv.-Nr. 123456, 1 Handkreissäge, Inv.-Nr. 234567, 1 Baubaracke, Inv.-Nr. 345678 und
1 Diesel-Kompressor, Inv.-Nr. 456789.

Aufgabe

Wir, die ARGE, melden vorstehende Geräte am 01. 09. 95 fristgemäß zum 07. 09. 95, laut
§ 14.23 AV bei Partner M & S frei.

ARGE-Bauleitung an Partnerfirma

Gerätefreimeldung

Sehr geehrte Damen und Herren,

laut § 14.23 AV melden wir fristgemäß nachfolgend aufgeführte, von Ihrer Firma
beigestellte Geräte zum 07. 05. 95 frei:

Innenrüttler	Inv.-Nr. 123456
Handkreissäge	Inv.-Nr. 234567
Baubaracke	Inv.-Nr. 345678
Diesel-Kompressor	Inv.-Nr. 456789

Wir bitten um baldige Bekanntgabe der Versandanschrift.

Mit freundlichen Grüßen

(ARGE-Bauleitung)

Musterbrief 1.1.29

Sachverhalt
Die Lohnabrechnung der ARGE findet direkt auf der Baustelle statt.
Die AOK führt eine Betriebsprüfung durch, die ohne Beanstandungen verläuft.

Aufgabe
Wir, die ARGE, senden allen Partnerfirmen zur Kenntnisnahme und Information eine Fotokopie des Prüfberichts.

ARGE-Bauleitung an Partnerfirmen

AOK-Betriebsprüfung

Sehr geehrte Damen und Herren,

am 26. 09. 95 fand im Lohnbüro unserer Baustelle eine Betriebsprüfung durch die AOK statt, welche ohne Beanstandungen verlief.

Zur Kenntnis und Information übersenden wir Ihnen anliegend eine Fotokopie des Prüfberichtes.

Mit freundlichen Grüßen

(ARGE-Bauleitung)

Anlage

Musterbrief 1.1.30

Sachverhalt

In 14 Tagen beginnt die Schlechtwetter-Periode, und das zur Baustelle abgestellte Personal muß mit Winterbekleidung ausgerüstet werden.

Aufgabe

Wir, die ARGE, fordern alle Partner aufgrund § 12.55 AV auf, für die zur ARGE abgestellten Leute Winterbekleidung zu stellen.

ARGE-Bauleitung an Partnerfirmen

Schlechtwetterbekleidung

Sehr geehrte Damen und Herren,

vor Beginn der anstehenden Schlechtwetterperiode bitten wir, das von Ihrer Firma freigestellte Personal mit der erforderlichen Winterbekleidung laut § 12.55 AV auszustatten.

Für eine baldige Erledigung danken wir.

Mit freundlichen Grüßen

(ARGE-Bauleitung)

Musterbrief 1.1.31

Sachverhalt

Die von Partner H & S beigestellte Schlagbohrmaschine, Inv.-Nr. 987654 87, geht am 10. 08. 95 durch Gewaltschaden verlustig.

Aufgabe

Wir, die ARGE, teilen dies H & S mit und bitten um Berechnung laut § 14.62 AV und BGL 1991, Ziffer 10 der Vorbemerkungen. In diesem Zusammenhang weisen wir auf das Ende der Gerätemietberechnung am 31. 08. 95 hin.

ARGE-Bauleitung an Partnerfirma

Geräteverlust

Sehr geehrte Damen und Herren,

durch einen von der Baustelle verursachten Gewaltschaden melden wir die von Ihnen beigestellte

Schlagbohrmaschine, Inv.-Nr. 987654 87,

mit 10. 08. 95 als Verlust.

Wir bitten um Berechnung laut § 14.62 AV bzw. BGL 91, Ziffer 10 der Vorbemerkungen, und um Beendigung der Gerätemietbelastung mit 31. 08. 95.

Mit freundlichen Grüßen

(ARGE-Bauleitung)

Musterbrief 1.1.32

Sachverhalt
Wegen Baustellenräumung bzw. Ende der Baustelle wird Personal des abstellenden Partners M & S zum 01. 09. 95 frei.
Es handelt sich um die Zimmerleute Fritz Huber, Willi Klein und Hugo Müller.

Aufgabe
Wir, die ARGE, schreiben am 16. 08. 95 eine Personalfreimeldung an M & S unter Einhaltung der Freimeldefrist und Hinweis auf § 12.13 AV.

ARGE-Bauleitung an Partnerfirma

Personalfreimeldung

Sehr geehrte Damen und Herren,

wegen Räumung bzw. Beendigung der Baustelle melden wir nachfolgend aufgeführtes, von Ihnen freigestelltes Personal fristgerecht laut § 12.13 AV zum 01. 09. 95 frei:

Fritz Huber
Willi Klein
Hugo Müller

Wir bitten um Kenntnisnahme und Bekanntgabe der neuen Einsatzorte.

Mit freundlichen Grüßen

(ARGE-Bauleitung)

Musterbrief 1.1.33

Sachverhalt
Im Baubüro der ARGE ist in der Nacht vom 23. 08./24. 08. 95 eingebrochen worden.
Außer einer Sachbeschädigung und dem Diebstahl von 801,45 DM ist momentan, am
24. 08. 95, kein weiterer Schaden festzustellen.
Das entwendete Geld wurde ordnungsgemäß in einer Geldkassette im Tresorfach eines
Blechschrankes aufbewahrt. Geldkassette, Tresorfach und Blechschrank waren ver-
schlossen.

Aufgabe
Wir, die ARGE, informieren die Partnerfirmen nur ganz kurz und weisen darauf hin, daß
nach Abschluß der polizeilichen Ermittlungen am Ort eine genaue Schadensmeldung erstellt und zugesandt wird.

ARGE-Bauleitung an Partnerfirmen

Einbruchdiebstahl

Sehr geehrte Damen und Herren,

zur Information teilen wir Ihnen mit, daß in der Nacht vom 23./24. 08. 95 in das
Büro unserer Baustelle eingebrochen wurde.

Außer Sachbeschädigungen konnte derzeit nur der Verlust von 801,45 DM
festgestellt und angezeigt werden.

Das Geld war ordnungsgemäß in einer verschlossenen Geldkassette aufbewahrt,
die im Tresorfach eines ebenfalls abgesperrten Blechschrankes deponiert war.
Nach Abschluß der polizeilichen Ermittlungen erhalten Sie eine detaillierte
Schadensmeldung.

Mit freundlichen Grüßen

(ARGE-Bauleitung)

Musterbrief 1.1.34

Sachverhalt

Partner Schmittke bringt mit einem Lkw, Nutzlast 10 t, zwei Innenrüttler auf die Baustelle und verrechnet für diesen Transport einen Satz von 81,10 DM/h. Die Baustelle reduziert den verrechneten Stundensatz auf 70,– DM, da ein 10-t-Lkw kein angemessenes Transportmittel für 2 Rüttelflaschen ist.

Aufgabe

Wir, die ARGE, teilen dies Schmittke mit und verweisen auf den abgestrichenen Stundensatz von 70,– DM, laut § 15.343.1 AV und auf die Benutzung eines angemessenen Transportmittels laut § 15.34 AV.

ARGE-Bauleitung an Partnerfirma

Fuhrleistungen

Sehr geehrte Damen und Herren,

für die Anlieferung von zwei Innenrüttlern haben Sie einen Lkw mit 10 t Nutzlast eingesetzt und uns hierfür mit einem Stundensatz von 81,10 DM belastet.

Da ein 10-t-Lastkraftwagen kein angemessenes Transportmittel zur Anlieferung von zwei Rüttelflaschen ist, haben wir den von Ihnen berechneten Stundensatz auf 70,– DM laut § 15.343.1 bzw. § 15.34 AV richtiggestellt.

Wir bitten um Kenntnisnahme.

Mit freundlichen Grüßen

(ARGE-Bauleitung)

Musterbrief 1.1.35

Sachverhalt
Die ARGE benötigt zum 31. 08. 95 folgendes Gerät:
1 Bagger M 60, Raupenband o. ä., mit Bedienungspersonal, 16 m Auslage, Kraneinrichtung und Tieflöffel.

Aufgabe
Anfrage bei allen Partnern, worin bis spätestens 24. 08. 95 um Mitteilung gebeten wird, ob ein derartiges Gerät beigestellt werden kann. Hinweis auf die Einsatzdauer, welche voraussichtlich ca. 14 Monate betragen wird.

Geräteanfrage

Sehr geehrte Damen und Herren,

ab 31. 08. 95 benötigt die Baustelle folgendes Gerät:

1 Bagger M 60, Raupenband o. ä. mit 16 m Ausladung, Kraneinrichtung, Tieflöffel sowie Bedienungspersonal

Die Einsatzdauer wird voraussichtlich 14 Monate betragen.

Wir bitten bis spätestens 24. 08. 95 um Mitteilung, ob vorgenanntes oder ein eventuell gleichwertiges Gerät beigestellt werden kann.

Mit freundlichen Grüßen

(ARGE-Bauleitung)

Musterbrief 1.1.36

Sachverhalt

Die Baustelle erhält von den Partnerfirmen eine Unzahl von Mengengeräten, wie Holz-Schalungsträger, Schnellbaugerüste und Schnellkupplungsrohre.

Aufgabe

Wir, die ARGE, erbitten bei den Partnern das Einverständnis und die Genehmigung zur farblichen Markierung der angelieferten Mengengeräte, damit bei Baustellenende jeder Partner seine beigestellten Artikel wieder zurückerhält und eine korrekte Rücklieferung erfolgen kann.

Wir schlagen vor, daß wir bei den Geräten von M & S einen blauen Punkt, bei H & S einen roten und bei Schmittke einen gelben an den Mengengeräten anbringen werden. Das von der ARGE evtl. neu gekaufte Material bleibt unmarkiert.

ARGE-Bauleitung an Partnerfirmen

Markierung von Mengengeräten

Sehr geehrte Damen und Herren,

um bei Baustellenende eine korrekte und unproblematische Rückgabe der angelieferten Mengengeräte (Holz-Schalungsträger, Schnellkupplungsrohre, Schnellbaugerüste) gewährleisten zu können, bitten wir um Ihr Einverständnis, die beigestellten Geräte farbig kennzeichnen zu dürfen.

Wir schlagen vor, die von M & S angelieferten Geräte mit einer blauen, die von H & S mit einer roten und die von Firma Schmittke mit einer gelben Markierung zu versehen. Von der ARGE neu gekauftes Gerät bleibt unmarkiert.

Für Ihre Zustimmung danken wir und verbleiben

mit freundlichen Grüßen

(ARGE-Bauleitung)

Musterbrief 1.1.37

Sachverhalt
Am 16. 08. 95 findet im Baubüro der ARGE-Baustelle um 14.00 Uhr ein Richtfest statt.

Aufgabe
Wir, die ARGE, laden alle Partnerfirmen hierzu ein und erbitten eine Teilnahmezusage und die Anzahl der teilnehmenden Personen.

ARGE-Bauleitung an Partnerfirmen

Richtfest am 16. 08. 1995

Sehr geehrte Damen und Herren,

zu dem am 16. 08. 95, 14.00 Uhr, auf der Baustelle stattfindenden Richtfest laden wir Sie herzlichst ein.

Aus organisatorischen Gründen erbitten wir eine baldige Teilnahmezusage und Mitteilung, wie viele Mitarbeiter Ihres Hauses an der Feier teilnehmen werden.

Mit freundlichen Grüßen

(ARGE-Bauleitung)

Musterbrief 1.1.38

Sachverhalt
Eine von Partner M & S beigestellte Baubaracke ist an den Außenseiten in einem äußerst ungenügenden und schlechten Zustand.

Aufgabe
Wir, die ARGE, bitten M & S aufgrund § 14.515 AV, die Baracke kurzfristig zu besichtigen und baldmöglichst streichen zu lassen.

ARGE-Bauleitung an Partnerfirma

Anstrich Baubaracke

Sehr geehrte Damen und Herren,

die von Ihrer Firma beigestellte Baubaracke befindet sich an den Außenseiten in einem unschönen Zustand.

Hinweisend auf Ihre Verpflichtung nach § 14.515 AV bitten wir, die Baracke durch Ihre Geräteabteilung besichtigen und baldmöglichst neu streichen zu lassen.

Für eine kurzfristige Erledigung wären wir sehr dankbar.

Mit freundlichen Grüßen

(ARGE-Bauleitung)

Musterbrief 1.1.39

Sachverhalt
Partner M & S stellt einen VW-Pritschenwagen zur ARGE ab und verrechnet uns mit der nächsten Gerätemietbelastung 45,– DM/t für die Verladung des VW.

Aufgabe
Wir, die ARGE, lehnen die Bezahlung der Beladekosten ab, da für selbstfahrende Geräte, die sich aus eigener Kraft zur Empfangsstelle bewegen können, laut § 15.223.3 AV keine Be- und Entladekosten berechnet werden können.

ARGE-Bauleitung an Partnerfirma

Verladekosten

Sehr geehrte Damen und Herren,

für den von Ihnen beigestellten VW-Pritschenwagen belasten Sie uns mit 45,– DM/t für Beladekosten.

Da laut § 15.223.3 AV für Geräte, die sich mit eigener Kraft zur Empfangsstelle bewegen können, keine Be- und Entladekosten verrechnet werden können, haben wir die hierfür belasteten Kosten aus Ihrer Gerätemietberechnung gestrichen.

Wir bitten um Kenntnisnahme und verbleiben

mit freundlichen Grüßen

(ARGE-Bauleitung)

Musterbrief 1.1.40

Sachverhalt
Da in der Kasse der ARGE-Baustelle aus bestimmten Gründen ständig etwa 4.000,– DM
sein sollten, benötigt die Baustelle aus Sicherheitsgründen einen schweren Tresor.

Aufgabe
Anfrage bei den Partnerfirmen, wer einen derartigen Tresor bis zum Baustellenende beistellen könnte.

ARGE-Bauleitung an Partnerfirmen

Geräteanfrage

Sehr geehrte Damen und Herren,

da aus verschiedenen Gründen ein ständiger Geldbestand von ca. 4.000,– DM in
der Baustellen-Kasse erforderlich ist, wäre aus Sicherheitsgründen die
Beistellung eines schweren Tresors notwendig.

Wir bitten um Mitteilung, ob bis Baustellenende ein größerer Geldschrank von
Ihnen beigestellt werden könnte.

Mit freundlichen Grüßen

(ARGE-Bauleitung)

Musterbrief 1.1.41

Sachverhalt
Die ARGE benötigt ab 15. 08. 95 dringend nachfolgendes Gerät:
1 Rüttelverdichter AT 2000 oder auch SV 5000.
Zur Wahrung der Parität sollte dieses Gerät durch Partner M & S beigestellt werden.

Aufgabe
Wir, die ARGE, fragen bei M & S an, ob sie ein derartiges Gerät beistellen können und erbitten dessen Mitteilung bis spätestens 11. 08. 95. Die Einsatzzeit beträgt ca. acht Monate.

ARGE-Bauleitung an Partnerfirma

Geräteanfrage

Sehr geehrte Damen und Herren,

ab 15. 08. 95 benötigt die Baustelle folgendes Gerät:

1 Rüttelverdichter AT 2000
oder evtl. auch SV 5000.

Die Einsatzdauer beträgt voraussichtlich acht Monate.

Zur Wahrung der Parität bei den Gerätemieten wäre es wünschenswert, wenn Sie dieses Gerät beistellen könnten.

Ihre Nachricht erwarten wir bis spätestens 11. 08. 95.

Mit freundlichen Grüßen

(ARGE-Bauleitung)

Musterbrief 1.1.42

Sachverhalt

Partner M & S liefert eine total verschmutzte Schlagbohrmaschine zur ARGE, welche deshalb nicht einsatzfähig ist. Die ARGE nimmt das Gerät dennoch an.

Aufgabe

Wir, die ARGE, fordern M & S auf, das Gerät auf der Baustelle zu säubern oder der ARGE den Auftrag zur Reinigung auf Kosten von M & S zu erteilen. Hinweis auf Wegfall der Vorhaltekosten während der Reparaturzeit und auf § 14.71 AV.

ARGE-Bauleitung an Partnerfirma

Schlagbohrmaschine

Sehr geehrte Damen und Herren,

die von Ihrer Firma beigestellte Schlagbohrmaschine ist erheblich verschmutzt und mit Betonresten behaftet. Laut § 14.71 AV ist das Gerät in einsatzfähigem und gereinigtem Zustand zu stellen.

Aus vorgenannten Gründen bitten wir, die angelieferte Maschine zu reinigen oder der Baustelle den Auftrag zur Säuberung auf Kosten Ihrer Firma zu erteilen.

Wir bitten zu berücksichtigen, daß für die Zeit der Instandsetzung keine Vorhaltekosten berechnet werden können.

Mit freundlichen Grüßen

(ARGE-Bauleitung)

Musterbrief 1.1.43

Sachverhalt

Die ARGE benötigt ab 14. 08. 95 für ca. vier Monate 5 Unterkunftsplätze bei einer Partnerfirma, damit keine neue Unterkunftsbaracke auf der Baustelle eingerichtet werden
muß.

Aufgabe

Anfrage bei den Partnern, wer zum genannten Zeitpunkt 5 Schlafplätze zur Verfügung
stellen könnte, auf der Abrechnungsbasis des § 10.71 AV, nach dem pro Schlafstelle 12,–
DM/Kalendertag vergütet werden.

ARGE-Bauleitung an Partnerfirmen

Unterkunftsanmietung

Sehr geehrte Damen und Herren,

ab 14. 08. 95 benötigt die ARGE 5 Unterkunftsplätze für die Dauer von etwa vier
Monaten.

Um keine weitere Unterkunftsbaracke auf der Baustelle errichten zu müssen,
bitten wir, die Möglichkeit einer eventuellen Unterbringung in Ihren
Firmenunterkünften zu überprüfen.

Die Abrechnung erfolgt gemäß § 10.71 AV, wonach je Schlafstelle für den
Kalendertag ein Betrag von 12,– DM vergütet wird.

Wir bitten um eine baldige Rückantwort.

Mit freundlichen Grüßen

(ARGE-Bauleitung)

Musterbrief 1.1.44

Sachverhalt
Partner M & S möchte infolge von terminlichen Schwierigkeiten auf einer anderen Baustelle die bei uns tätigen Arbeitnehmer Scholz, Schmitz und Kunz per 25. 08. 95 abziehen.

Aufgabe
Laut § 12.14 AV lehnen wir, die ARGE, dies mit der Begründung terminlicher Probleme ab
und bieten als frühesten Abgabetermin den 11. 09. 95 an.

ARGE-Bauleitung an Partnerfirma

Rückruf Ihres Personals

Sehr geehrte Damen und Herren,

den Rückruf Ihrer bei uns tätigen Arbeitnehmer

Alfred Scholz
Bernd Schmitz
Dieter Kunz

zum 25. 08. 95 können wir wegen dringender baulicher Termine nicht akzeptieren.
Wir verweisen diesbezüglich auf § 12.14 AV, wonach für einen Rückruf die
Zustimmung der Bauleitung erforderlich ist.

Der früheste Abgabetermin für vorgenanntes Personal wäre der 11. 09. 95. Sollte
zu diesem Zeitpunkt noch Bedarf bestehen, bitten wir um nochmalige
Benachrichtigung.

Mit freundlichen Grüßen

(ARGE-Bauleitung)

Musterbrief 1.1.45

Sachverhalt
Partner Schmittke beliefert uns mit 2,0 m³ Kantholz mit einer Länge von unter 2,0 m.
Schmittke belastet uns mit 2,0 m³ x 300,– DM laut § 13.325 AV x 75 % laut § 13.31 AV.

Aufgabe
Wir stellen die Rechnung von Schmittke richtig, da laut § 13.325 AV nur 50 % für Holz dieser Länge verrechnet werden können. Wir teilen dies Schmittke in einem kurzen Schreiben mit.

ARGE-Bauleitung an Partnerfirma

Ihre Rechnung Nr. 33/722/95
hier: Verrechnung von Kantholz

Sehr geehrte Damen und Herren,

mit o. g. Belastung haben Sie uns 2,0 m³ Kantholz, Länge unter 2,0 m, verrechnet.
Da laut § 13.325 AV Kantholz unter 2,0 m nur mit 50 % des Zeitwertes verrechnet
wird, haben wir Ihre Rechnung entsprechend reduziert und richtiggestellt.

Wir bitten um Kenntnisnahme.

Mit freundlichen Grüßen

(ARGE-Bauleitung)

Musterbrief 1.1.46

Sachverhalt
Die Korrektur-Rückscheine unserer Rückrechnungen Nr. 1, 3, 4, 7, 9 und 14 an Schmittke liegen uns noch nicht vor.

Aufgabe
Wir, die ARGE, bitten Schmittke um Prüfung vorgenannter Rechnungen und um bald-
mögliche Zusendung der Korrektur-Rückscheine.

ARGE-Bauleitung an Partnerfirma

Korrektur-Rückscheine

Sehr geehrte Damen und Herren,

nach Durchsicht unserer Unterlagen konnten wir feststellen, daß für unsere
Rechnungen Nr. 1, 3, 4, 7, 9 und 14 keine anerkannten Rechnungsrückläufe
vorliegen.

Wir bitten um Überprüfung und Anerkennung vorgenannter Rechnungen und um
Zusendung der Korrektur-Rückscheine an unsere Baustellenanschrift.

Für Ihre Bemühungen danken wir.

Mit freundlichen Grüßen

(ARGE-Bauleitung)

Musterbrief 1.1 47

Sachverhalt
Maschinenmeister Huber, Angestellter des Partners Schmittke, repariert in seiner Werkstätte durch Gewaltschaden defekte Türschlösser von zur ARGE beigestellten Toilettenwagen und Containern.
Für diese Reparaturen verrechnet uns Schmittke den Einsatz eines Werkstattwagens über 1,5 t.

Aufgabe
Wir, die ARGE, teilen Schmittke mit, daß dies nicht richtig ist und verweisen auf § 14.532 AV und § 14.533 AV, wo für Werkstattarbeiten ein Satz von 75,– DM/h zu verrechnen ist. Die Türschlösser wurden vom Kombifahrer unserer ARGE in der Werkstatt bei Schmittke abgegeben und wieder abgeholt.

ARGE-Bauleitung an Partnerfirma

Werkstattarbeiten

Sehr geehrte Damen und Herren,

für die Reparatur unserer Türschlösser in Ihrer Werkstätte belasten Sie uns mit einem Satz für einen Werkstattwagen über 1,5 t.

Da die Arbeiten in Ihrer Werkstätte ausgeführt und die Schlösser durch unseren Fahrer zugestellt und auch wieder abgeholt wurden, haben wir laut § 14.532 und § 14.533 AV den Stundensatz auf 75,– DM richtiggestellt.

Wir bitten um gleichlautende Buchung.

Mit freundlichen Grüßen

(ARGE-Bauleitung)

Musterbrief 1.1.48

Sachverhalt

Maschinenmeister Fritz von Partner M & S kommt mit seinem Privat-Pkw zur Reparatur eines M & S-Gerätes auf die Baustelle.
M & S verrechnet uns für die Verauslagung des Kilometergeldes 135 km x 0,52 DM = 70,20 DM, was nicht korrekt ist. Von der zu verrechnenden Summe müssen 8,2 % Vorsteuer = 5,76 DM abgezogen werden.

Aufgabe

Wir weisen Partner M & S auf den Fehler in seiner Rechnung Nr. 187 hin, verweisen aber auch auf § 8.9 AV, wo mögliche Rechnungskorrekturen unter 10,– DM netto unberücksichtigt bleiben.
Wir bitten bei künftigen Verrechnungen dieser Art um Beachtung.

ARGE-Bauleitung an Partnerfirma

Ihre Rechnung Nr. 187
hier: Kilometergeld

Sehr geehrte Damen und Herren,

mit Ihrer obengenannten Belastung haben sie uns das für Maschinenmeister Fritz verauslagte Kilometergeld (135 km x 0,52 DM/km = 70,20 DM) in Rechnung gestellt.

Wir machen darauf aufmerksam, daß von der verrechneten Summe ein Vorsteuersatz von 8,2 % (5,76 DM) abzuziehen ist.

Da laut § 8.9 AV Rechnungskorrekturen unter DM 10,– unberücksichtigt bleiben, bitten wir bei künftigen Belastungen dieser Art um Beachtung.

Mit freundlichen Grüßen

(ARGE-Bauleitung)

Musterbrief 1.1.49

Sachverhalt
Die Baustelle ist beendet und wird geräumt. Ein von der ARGE bei Dritten gekaufter Ladu-Mischer VM 140 N mit WE-Motor 220 V ist deshalb ab sofort abzugeben. Der Mischer kostete 828,– DM und wurde am 29. 08. 95 gekauft.

Aufgabe
Wir, die ARGE, fragen bei allen Partnern an, ob Interesse an diesem Gerät besteht. Wir bitten bei entsprechendem Interesse um eine kurze Mitteilung und um Bekanntgabe der evtl. Versandanschrift.

ARGE-Bauleitung an Partnerfirmen

Abgabe eines Betonmischers

Sehr geehrte Damen und Herren,

im Zuge der Beendigung und Räumung unserer Baustelle kann ein

Ladu-Mischer VM 140 N
mit WE-Motor 220 V

abgegeben werden.

Der Mischer wurde am 29. 08. 95 zu einem Preis von 828,– DM durch die ARGE angeschafft und kann nun nach den Bedingungen des ARGE-Vertrages zur Übernahme angeboten werden.

Bei entsprechendem Interesse bitten wir um eine kurze Mitteilung und um Bekanntgabe der Versandanschrift.

Mit freundlichen Grüßen

(ARGE-Bauleitung)

Musterbrief 1.1.50

Sachverhalt
Die ARGE rechnet auf der Baustelle den Lohn für alle Arbeitnehmer ab.

Aufgabe
Wir, die ARGE, schreiben Mitte November die Partnerfirmen an und bitten diese, uns die mit der November-Abrechnung auszuzahlenden anteiligen 13. Monatsgehälter und evtl. freiwilligen Zulagen mitzuteilen.

ARGE-Bauleitung an Partnerfirmen

13. Monatsgehalt

Sehr geehrte Damen und Herren,

wir bitten Sie, der ARGE die mit der November-Löhnung auszuzahlenden anteiligen 13. Monatsgehälter und freiwilligen Zulagen mitzuteilen.

Für eine baldige Nachricht danken wir.

Mit freundlichen Grüßen

(ARGE-Bauleitung)

Musterbrief 1.1.51

Sachverhalt
Partner M & S liefert von seinem Lagerplatz mit einem Transport 10,389 t Formstahl zur ARGE. Er berechnet uns 140,– DM/h zuzüglich die Kosten für Genehmigungs- und Polizeibegleitgebühren.

Aufgabe
Wir, die ARGE, teilen M & S mit, daß wir den Stundensatz aufgrund § 15.342 AV auf 105,– DM reduziert haben, da das Transportgewicht nur 10,389 t betrug und hierfür kein Transportfahrzeug mit einer Tragfähigkeit von 25 bis 50 t notwendig war.
Der Transport wurde mit einem Tieflader ausgeführt.

ARGE-Bauleitung an Partnerfirma

Tiefladertransport

Sehr geehrte Damen und Herren,

das Gewicht des angelieferten Formstahls betrug 10,389 t. Der von Ihnen hierfür eingesetzte Tieflader wurde mit einem Stundensatz von 140,– DM verrechnet, was laut AV einer Nutzlast von 25–50 t entspricht.

Da uns ein Fahrzeug dieser Größenordnung für das transportierte Gut für nicht angemessen erscheint, haben wir gemäß § 15.342 AV den Stundensatz auf 105,– DM reduziert.

Wir bitten um gleichlautende Buchung.

Mit freundlichen Grüßen

(ARGE-Bauleitung)

Musterbrief 1.1.52

Sachverhalt
Partner H & S hat Ankerstäbe, Durchmesser 15,1 mm, zur Baustelle geliefert und uns hierfür 6,10 DM/lfm verrechnet, womit wir nicht einverstanden sind.

Aufgabe
Wir, die ARGE, teilen H & S mit, daß wir seine Rechnung Nr. 39 vom 16. 08. 95 laut § 25/2 AV auf 5,20 DM/lfm abgeändert haben.

ARGE-Bauleitung an Partnerfirma

Ihre Rechnung Nr. 39 vom 16. 08. 95
hier: Verrechnung von Ankerstäben

Sehr geehrte Damen und Herren,

mit o. g. Rechnung haben Sie die angelieferten Ankerstäbe mit einem Meterpreis von 6,10 DM berechnet.

Laut § 25/2 AV haben wir den Einheitspreis auf 5,20 DM/m reduziert und richtiggestellt.

Wir bitten um Kenntnisnahme.

Mit freundlichen Grüßen

(ARGE-Bauleitung)

Musterbrief 1.1.53

Sachverhalt
Partner Schmittke hat angeblich die Anwesenheitsliste für Angestellte von der ARGE nicht erhalten und reklamiert am 12. 09. 95 telefonisch: Es fehlte die Liste für Monat August 1995.

Aufgabe
Wir, die ARGE, übersenden Schmittke mit einem kurzen Anschreiben die Januar-Liste.

ARGE-Bauleitung an Partnerfirma

Anwesenheitsliste Monat August 1995

Sehr geehrte Damen und Herren,

anbei erhalten Sie die gewünschte Anwesenheitsliste für Monat August 1995 nochmals in Fotokopie.

Wir hoffen, Ihnen hiermit gedient zu haben und verbleiben

mit freundlichen Grüßen

(ARGE-Bauleitung)

Anlage

Musterbrief 1.1.54

Sachverhalt
Am 11. 07. 95 haben wir Partner H & S eine Verlustmeldung über eine von ihm beigestellte Schlagbohrmaschine, Inv.-Nr. 123456, zugesandt. Wir haben bis heute noch keine Belastung für dieses Gerät erhalten.

Aufgabe
Wir, die ARGE, machen die Firma H & S nochmals darauf aufmerksam und verweisen auf die Möglichkeit der Verrechnung laut § 14.62 AV bzw. BGL, Ziff. 10 der Vorbemerkungen.

ARGE-Bauleitung an Partnerfirma

Geräteverlust

Sehr geehrte Damen und Herren,

mit Schreiben vom 11. 07. 95 haben wir Ihnen den Verlust der von Ihnen beigestellten Schlagbohrmaschine, Inv.-Nr. 123456, angezeigt.

Da wir bis heute noch keine Belastung von Ihnen erhalten haben, weisen wir nochmals auf die Möglichkeit der Verrechnung gem. § 14.62 AV bzw. BGL 91, Ziffer 10 der Vorbemerkungen, hin.

Mit freundlichen Grüßen

(ARGE-Bauleitung)

Musterbrief 1.1.55

Sachverhalt
Die Baustelle erhält von Partner M & S eine elektrische Schreibmaschine zum Preis von 1.750,– DM und ein Fotokopiergerät zum Preis von 1.250,– DM angeliefert und sogleich auch in Rechnung gestellt.

Aufgabe
Die Baustelle schickt diese Rechnung mit einem kurzen Anschreiben an M & S zurück, da beide »Geräte« nicht von der ARGE zu kaufen sind, sondern laut § 14.331 AV als Gerät behandelt werden. Wir bitten um Stornierung der Rechnung und um Aufnahme in die Gerätemietbelastung.

ARGE-Bauleitung an Partnerfirma

Ihre Rechnung Nr. 28/733/95
hier: Verrechnung von Büromaschinen

Sehr geehrte Damen und Herren,

Ihre Rechnung Nr. 28/733/95, mit der Sie die von Ihnen beigestellte elektrische Schreibmaschine und das Fotokopiergerät berechnen, geben wir anliegend zu unserer Entlastung zurück.

Da laut § 14.331 AV Büromaschinen als Gerät zu behandeln sind, bitten wir um Stornierung Ihrer Rechnung und um Aufnahme der Maschinen in die Gerätemietbelastung.

Mit freundlichen Grüßen

(ARGE-Bauleitung)

Anlage

Musterbrief 1.1.56

Sachverhalt
Die Partnerfirma M & S liefert vollkommen verschmutzte Gebrauchsstoffe (Abziehlatten mit Betonresten verunreinigt) auf die Baustelle.

Aufgabe
Wir beanstanden dies laut § 13.62 AV und teilen außerdem mit, daß wir M & S aufgrund § 13.61 AV mit den Reinigungskosten belasten werden, da Gebrauchsstoffe in einsatzfähigem und gereinigtem Zustand angeliefert werden müssen.

ARGE-Bauleitung an Partnerfirma

Mängelmeldung Gebrauchsstoffe

Sehr geehrte Damen und Herren,

die mit Versandschein vom 16. 08. 95 angelieferten Abziehlatten sind mit Betonresten verschmutzt.

Da Gebrauchsstoffe gem. § 13.61 AV in einsatzfähigem und gereinigtem Zustand anzuliefern sind, bemängeln wir Ihre Lieferung fristgemäß laut § 13.62 AV und kündigen die Verrechnung der anfallenden Reinigungskosten an.

Wir bitten um Kenntnisnahme.

Mit freundlichen Grüßen

(ARGE-Bauleitung)

Musterbrief 1.1.57

Sachverhalt
Die Bauleistung für Monat August 1995 wurde durch die Bauleitung ermittelt.

Aufgabe
Wir, die ARGE, teilen diese Bauleistung am 04. 09. 95 mit einem kurzen Schreiben den Gesellschaftern mit.

ARGE-Bauleitung an Partnerfirmen

Leistungsermittlung August 1995

Sehr geehrte Damen und Herren,

anliegend überreichen wir Ihnen die für Monat August 1995 erstellte Baustellenbewertung zu Ihrer Verwendung.

Mit freundlichen Grüßen

(ARGE-Bauleitung)

Anlage

Musterbrief 1.1.58

Sachverhalt
Der von Partner M & S abgestellte Polier Müller wird am 01. 08. 95 freigemeldet.

Aufgabe
Wir melden am 01. 08. 95 Polier Müller laut § 12.13 AV wegen Beendigung der Baustelle zum 15. 08. 95 frei.

ARGE-Bauleitung an Partnerfirma

Personalfreimeldung

Sehr geehrte Damen und Herren,

wegen Beendigung der Baustelle melden wir fristgemäß den von Ihnen freigestellten Polier

Ferdinand Müller

zum 15. 08. 1995 frei.

Wir bitten um Bekanntgabe des neuen Einsatzortes und der Adresse, an welche die Arbeitspapiere zu senden sind.

Mit freundlichen Grüßen

(ARGE-Bauleitung)

Musterbrief 1.1.59

Sachverhalt
Von unserer ARGE sollen 2 Mann des Partners Schmittke zu einer anderen ARGE, an der
die Firma Schmittke ebenfalls beteiligt ist, für eine Woche abgestellt und ausgeliehen werden.

Aufgabe
Wir verständigen Schmittke, daß wir mit der kurzfristigen Abstellung des Personals ein-
verstanden sind. Außerdem weisen wir darauf hin, daß wir die Verrechnung laut § 12.74
AV direkt an Schmittke und nicht an die andere Arbeitsgemeinschaft vornehmen werden.

ARGE-Bauleitung an Partnerfirma

Abstellung unseres Personals

Sehr geehrte Damen und Herren,

wir bestätigen hiermit die kurzfristige Überlassung von 2 Arbeitnehmern an Ihre
Baustelle »Zweimalbergtunnel« für die 15. Kalenderwoche.

Die Abrechnung der Personalkosten erfolgt direkt mit Ihrer Firma.

Wir bitten um Kenntnisnahme.

Mit freundlichen Grüßen

(ARGE-Bauleitung)

Musterbrief 1.1.60

Sachverhalt
Die Baustelle soll geräumt und beendet werden. Die von Partner H & S angelieferten Stoffe sind damit frei und können an H & S zurückgegeben werden. Um welche Stoffe es sich im Detail handelt, kann aus einer von der Baustelle angefertigten Liste ersehen werden.

Aufgabe
Aufgrund § 13.41 AV senden wir Partner H & S diese Liste mit einem Begleitschreiben und bitten um Kenntnisnahme, Disposition und Bekanntgabe der Versandanschrift.

ARGE-Bauleitung an Partnerfirma

Rücklieferung von Stoffen

Sehr geehrte Damen und Herren,

anliegend erhalten Sie eine Auflistung der von Ihnen angelieferten Stoffe, welche im Zuge der anstehenden Baustellenräumung in den nächsten Wochen wieder an Sie zurückgegeben werden können.

Wir bitten um entsprechende Disposition und um Bekanntgabe der Versandanschrift.

Mit freundlichen Grüßen

(ARGE-Bauleitung)

Anlage

Musterbrief 1.1.61

Sachverhalt

Die ARGE bekommt von Partner M & S mit Rg.-Nr. 123 vom 23. 08. 95 5,0 m³ Bohlen mit Beschlag in Rechnung gestellt, welche am 25. 07. 95 angeliefert wurden. M & S berechnet einen Preis von 425,– DM/m³.

Aufgabe

Wir, die ARGE, stellen diese Rechnung richtig auf 375,– DM/m³ laut § 13.325 AV und teilen dies M & S in einem kurzen Schreiben mit.

ARGE-Bauleitung an Partnerfirma

Ihre Rechnung Nr. 123, vom 23. 08. 1995

Sehr geehrte Damen und Herren,

am 25. 07. 95 haben wir 5,0 m³ Bohlen mit Beschlag von Ihnen erhalten, die mit einem Preis von 425,– DM/m³ verrechnet wurden.

Gem. § 13.325 AV haben wir den Kubikmeterpreis auf 375,– DM richtiggestellt. Einen korrigierten Rücklauf Ihrer im Betreff genannten Rechnung erhalten Sie anbei.

Wir bitten um Kenntnisnahme und gleichlautende Buchung.

Mit freundlichen Grüßen

(ARGE-Bauleitung)

Anlage

Musterbrief 1.1.62

Sachverhalt
Partner H & S stellt zur ARGE einen Bagger ab und stellt der Baustelle einen Werkzeug-
kasten mit »Gerätewerkzeug« in Rechnung.

Aufgabe
Die ARGE weist diese Rechnung aufgrund § 14.541 AV zurück. Der Text laut ARGE-Vertrag ist mit in das Schreiben aufzunehmen und einzubeziehen.

ARGE-Bauleitung an Partnerfirma

Sehr geehrte Damen und Herren,

anliegend geben wir Ihre Rechnung über mitgeliefertes Gerätewerkzeug zu
unserer Entlastung zurück.

Laut § 14.541 AV wird Werkzeug dieser Art nicht berechnet, sondern bei Hin- und
Rückgabe lediglich mengenmäßig erfaßt.

Wir bitten um Stornierung Ihrer Rechnung.

Mit freundlichen Grüßen

(ARGE-Bauleitung)

Anlage

Musterbrief 1.1.63

Sachverhalt
Partner Schmittke berechnet der ARGE die Abstellung eines Mannes für insgesamt 138
Stunden. Die Rechnung ist bis auf die zusätzliche Berechnung der tariflichen Vermögens-
bildung von 138 Stunden x 0,25 DM Arbeitgeberanteil korrekt.

Aufgabe
Wir, die ARGE, schreiben Schmittke, daß wir die zusätzliche Berechnung der Vermögensbildung laut § 12.372 AV aus seiner Rechnung streichen werden.

ARGE-Bauleitung an Partnerfirma

Ihre Partnerrechnung Nr. 98
hier: Verrechnung von Vermögensbildung

Sehr geehrte Damen und Herren,

mit Ihrer im Betreff genannten Rechnung belasten Sie uns außer mit den Kosten
für die Personalabstellung zusätzlich mit 138 Std. x 0,25 DM für an Ihren
Arbeitnehmer ausgezahlte vermögenswirksame Leistungen.

Wir haben diesen vermutlich irrtümlich verrechneten Betrag aus Ihrer Belastung
gestrichen, da derartige Kosten laut § 12.372 AV mit den Zulagen gem. § 12.371
AV bereits abgegolten sind.

Mit freundlichen Grüßen

(ARGE-Bauleitung)

Musterbrief 1.1.64

Sachverhalt
Partner M & S berechnet uns für eine von ihm durchgeführte Reparatur einen Stundensatz von 60,– DM.

Aufgabe
Wir, die ARGE, stellen diesen Satz auf 75,– DM laut § 14.532 AV richtig und teilen dies
M & S schriftlich mit.

ARGE-Bauleitung an Partnerfirma

Ihre Partnerrechnung Nr. 127
hier: Reparaturarbeiten

Sehr geehrte Damen und Herren,

für die von Ihnen ausgeführte Reparatur belasten Sie uns mit Ihrer im Betreff
genannten Rechnung mit einem Stundensatz von 60,– DM.

Laut § 14.532 haben wir diesen Betrag auf 75,– DM/Std. richtiggestellt.

Wir bitten um Kenntnisnahme und gleichlautende Buchung.

Mit freundlichen Grüßen

(ARGE-Bauleitung)

Musterbrief 1.1.65

Sachverhalt

Partner M & S hat zur ARGE einen Verteilerschrank beigestellt, welcher nach einer Einsatzzeit von 3 Monaten nicht mehr funktioniert.

Aufgabe

Wir, die ARGE, teilen dies M & S mit und verweisen darauf, daß die ARGE eine monatliche Reparaturkostenpauschale über die Gerätemietbelastungen bezahlt und die anfallenden Reparaturkosten deshalb auch nicht übernehmen wird. Nachdem kein Gewaltschaden vorliegt, dürfte es sich um eine ganz normale Verschleißsache handeln.
Wir lehnen die Zahlung der Reparaturkosten aufgrund § 14.511 AV ab.

ARGE-Bauleitung an Partnerfirma

Reparatur Verteilerschrank

Sehr geehrte Damen und Herren,

der von Ihrer Firma beigestellte Verteilerschrank, Inv.-Nr. 338 4038, ist nach einer Einsatzzeit von drei Monaten nicht mehr funktionsfähig.

Da kein Gewaltschaden vorliegt und Sie eine monatliche Reparaturkostenpauschale erhalten, gehen eventuell anfallende Reparaturkosten gem. § 14.511 AV zu Ihren Lasten.

Wir bitten um Kenntnisnahme.

Mit freundlichen Grüßen

(ARGE-Bauleitung)

Musterbrief 1.1.66

Sachverhalt

Wir erhalten von Partner M & S insgesamt 10 CEE-Stecker, 5polig, 63 A, zum Preis von 50,– DM/Stck. geliefert und verrechnet.

Aufgabe

Die ARGE kürzt laut BAL 90 Nr. 404350 bzw. § 13.321 AV den Einzelpreis auf 40,– DM und teilt dies (Argumentation von § 13.321 AV mit in das Schreiben aufnehmen) M & S in einem Brief mit.

ARGE-Bauleitung an Partnerfirma

Ihre Rechnung Nr. 238
hier: Elektromaterial

Sehr geehrte Damen und Herren,

mit Ihrer o. g. Belastung verrechnen Sie uns 10 angelieferte CEE-Stecker mit einem Einheitspreis von 50,– DM.

Laut § 13.321 AV werden Gebrauchsstoffe nach der Baustellen- und Werkzeugliste (BAL 90) bewertet und mit einem Nachlaß von 20 % verrechnet.

Laut BAL-Nr. 404350 haben wir den berechneten Einzelpreis von 50,– DM auf 40,– DM richtiggestellt.

Wir bitten um gleichlautende Buchung.

Mit freundlichen Grüßen

(ARGE-Bauleitung)

Musterbrief 1.1.67

Sachverhalt
Die Partnerfirma Schmittke hat an die ARGE den Arbeitnehmer Schneider für einen kurzfristigen Arbeitseinsatz ausgeliehen und deshalb auch weiterhin über die Lohnliste der Firma Schmittke abgerechnet und bezahlt.
Während seines Einsatzes bei der ARGE wird Schneider krank und verläßt seinen Arbeitsplatz.
Wir erhalten von Schmittke eine Partnerverrechnung über die tatsächlich geleisteten Arbeitsstunden und über die ausbezahlte Lohnfortzahlung für die Krankheitszeit.

Aufgabe
Wir, die ARGE, schreiben der Firma Schmittke einen Brief, worin wir die Übernahme der Lohnfortzahlungskosten aufgrund § 12.376.1 AV ablehnen.

ARGE-Bauleitung an Partnerfirma

Ihre Rechnung Nr. 198
hier: Lohnfortzahlung

Sehr geehrte Damen und Herren,

die mit Ihrer oben genannten Belastung verrechneten Lohnfortzahlungskosten für den von Ihnen abgeordneten, bei der ARGE erkrankten, Arbeitnehmer Schneider lehnen wir ab.

Laut § 12.376.1 AV sind Kosten dieser Art von der Stammfirma zu übernehmen, da sie mit den Zuschlägen nach § 12.371 bzw. mit den Pauschalen laut § 12.341 und 12.361 abgegolten sind.

Mit freundlichen Grüßen

(ARGE-Bauleitung)

Musterbrief 1.1.68

Sachverhalt
Wir erhalten von Partner Schmittke vier neue Reifen für den von der Firma Schmittke beigestellten Bagger M 90 geliefert und berechnet.

Aufgabe
Aufgrund § 13.341 AV bzw. § 13.341.1 AV geben wir die Rechnung Nr. 1788 vom 23. 08. 95 wieder zurück, da Fahrzeugreifen Teile der Geräte sind und nach BGL abgerechnet werden.

ARGE-Bauleitung an Partnerfirma

Ihre Rechnung Nr. 1788 vom 23. 08. 95
hier: Reifen für Bagger M 90

Sehr geehrte Damen und Herren,

Ihre im Betreff genannte Rechnung geben wir anliegend zu unserer Entlastung zurück.

Laut § 13.341 bzw. 13.341.1 AV sind Fahrzeugreifen Teil der von den Gesellschaftern beigestellten Geräte und nach BGL über die Gerätemiete zu belasten.

Mit freundlichen Grüßen

(ARGE-Bauleitung)

Anlage

Musterbrief 1.1.69

Sachverhalt
Ein Innenrüttler wurde am 01. 08. 95 zum 21. 08. 95 bei der Partnerfirma M & S freigemeldet. Die Rücklieferung erfolgte jedoch erst am 28. 08. 95. Die Firma M & S sendet der
Baustelle die Gerätemietbelastung für Monat August zu, woraus ersichtlich ist, daß der
freigemeldete Rüttler bis einschließlich 21. 08. 95 berechnet wurde.

Aufgabe
Wir, die ARGE, korrigieren aufgrund § 14.34 AV den letzten Miettag auf den 28. 08. 95 und
teilen dies der Partnerfirma M & S schriftlich mit.

ARGE-Bauleitung an Partnerfirma

Gerätemietbelastung August 1995
hier: Innenrüttler Inv.-Nr. 102.3840

Sehr geehrte Damen und Herren,

wir haben den letzten Miettag des im Betreff angeführten Innenrüttlers vom
21. 08. auf den 28. 08. 95 richtiggestellt.

Da das Gerät zum 21. 08. 95 freigemeldet wurde und die Rückgabe erst am
28. 08. 95 erfolgte, endet die Gerätevorhaltung laut § 14.34 AV mit dem
Rücksendetag.

Wir bitten um Kenntnisnahme.

Mit freundlichen Grüßen

(ARGE-Bauleitung)

Musterbrief 1.1.70

Sachverhalt
Partnerfirma H & S liefert 50 m² mehrschichtige, 24 mm starke Tafelschalung zur ARGE und verrechnet 250,– DM/m³ laut § 13.325.

Aufgabe
Wir, die ARGE, prüfen diese Rechnung und ändern sie auf 28,– DM/m² laut § 13.33 AV ab und teilen dies H & S schriftlich mit.

ARGE-Bauleitung an Partnerfirma

Ihre Rechnung Nr. 18/722/95
hier: Tafelschalung 24 mm

Sehr geehrte Damen und Herren,

für die von Ihnen angelieferte 24-mm-Tafelschalung belasten Sie uns mit o. g. Rechnung Nr. 18/722/95 laut AV § 13.325 mit einem Preis von 250,– DM/m³.

Wir weisen darauf hin, daß mehrschichtige Tafelschalung nach § 13.33 AV mit einem Preis von 28,– DM/m² abgerechnet wird.

Wir haben Ihre Rechnung entsprechend abgeändert und bitten um Kenntnisnahme bzw. gleichlautende Buchung.

Mit freundlichen Grüßen

(ARGE-Bauleitung)

Musterbrief 1.1.71

Sachverhalt
Der Arbeitnehmer Beierlein von Partner Schmittke war aushilfsweise für insgesamt 12 Arbeitstage bei unserer ARGE beschäftigt.

Aufgabe
Unter Hinweis auf § 12.413 AV bitten wir Schmittke um Abrechnung gemäß § 12.22 AV.

ARGE-Bauleitung an Partnerfirma

Personalfreistellung

Sehr geehrte Damen und Herren,

da der von Ihrer Firma freigestellte Arbeitnehmer Beierlein lediglich 12
Arbeitstage bei unserer ARGE tätig war, bitten wir laut § 12.413 AV, von einer
Überweisung abzusehen und die Abrechnung nach § 12.22 vorzunehmen.

Für Ihr Entgegenkommen danken wir.

Mit freundlichen Grüßen

(ARGE-Bauleitung)

Musterbrief 1.1.72

Sachverhalt

Die ARGE möchte aufgrund des günstigsten Angebots (auch gegenüber Lieferantenfirmen) Partner Schmittke den Auftrag zur Herstellung einer Sonderanfertigung erteilen.

Aufgabe

Nachdem der Herstellungspreis ca. 1.900,– DM betragen wird, holen wir, die ARGE, unter Hinweis auf § 14.84 AV die Genehmigung zur Auftragserteilung an die Firma Schmittke bei der Aufsichtsstelle bzw. den Geschäftsleitungen der beteiligten Partnerfirmen schriftlich ein.

ARGE-Bauleitung an Partnerfirmen

Sonderanfertigung

Sehr geehrte Damen und Herren,

nach Einholung diverser Vergleichsangebote zur Herstellung einer baustellenbedingten Sonderanfertigung liegt Partner Schmittke mit einer Angebotssumme von ca. 1.900,– DM gegenüber anderen Bietern am günstigsten. Laut § 14.84 AV bitten wir die Aufsichtsstelle um Genehmigung, Partner Schmittke den Auftrag zur Ausführung der Arbeiten erteilen zu können.

Für eine baldige Nachricht danken wir und verbleiben

mit freundlichen Grüßen

(ARGE-Bauleitung)

Musterbrief 1.1.73

Sachverhalt
Die neuesten Ausgaben der BAL und der BGL liegen auf der Baustelle nicht vor.

Aufgabe
Wir fordern bei Partner H & S je eine Ausgabe der BAL und der BGL (Wörter voll ausschreiben und Erscheinungsdatum nennen) an und bitten, sie der ARGE zu berechnen.

ARGE-Bauleitung an Partnerfirma

BAL 1990 und BGL 1991

Sehr geehrte Damen und Herren,

wir bitten um Zusendung der neuesten Ausgabe einer Baustellenausstattungs-
und Werkzeugliste (BAL) und der Bau-Gerästeliste (BGL).

Die Verrechnung soll über Partnerbelastung an die ARGE erfolgen.

Mit freundlichen Grüßen

(ARGE-Bauleitung)

Musterbrief 1.1.74

Sachverhalt
Am 11. 08. 95 fand auf der Baustelle eine Betriebsversammlung statt, bei der die Arbeitnehmer Maierl und Pfaffenbichler der Partnerfirma H & S zu Sicherheitsbeauftragten ernannt wurden.
Herr Maierl und Herr Pfaffenbichler hatten am 21. 06. 95 erfolgreich einen »Erste-Hilfe-Kurs« besucht.

Aufgabe
Die Partnerfirma H & S wird über vorgenannten Sachverhalt informiert und um Kenntnisnahme gebeten.

ARGE-Bauleitung an Partnerfirma

Sicherheitsfachkräfte

Sehr geehrte Damen und Herren,

bei der am 11. 08. 95 auf der Baustelle stattgefundenen Betriebsversammlung wurden die von Ihrer Firma freigestellten Arbeitnehmer Maierl und Pfaffenbichler zu Sicherheitsbeauftragten ernannt.

Ausschlaggebend für die Ernennung war u. a. die Tatsache, daß Ihre Arbeitnehmer am 21. 06. 95 einen »Erste-Hilfe-Kurs« erfolgreich absolvierten.

Mit freundlichen Grüßen

(ARGE-Bauleitung)

Musterbrief 1.1.75

Sachverhalt
Wir erhalten von der Partnerfirma Schmittke eine Rechnung für die in ihrem Hause im Auftrag der ARGE angefertigten DIN-A 4-Fotokopien. Sie verrechnet einen Stückpreis von 0,30 DM, was wir nicht akzeptieren.

Aufgabe
Wir ändern die Partnerrechnung Nr. 123, vom 12. 08. 95 laut § 10.5 AV auf einen Stückpreis von 0,20 DM ab und teilen dies Schmittke schriftlich mit.

ARGE-Bauleitung an Partnerfirma

Ihre Rechnung Nr. 123 vom 12. 08. 95
hier: Fotokopien

Sehr geehrte Damen und Herren,

den mit obiger Belastung verrechneten Stückpreis von 0,30 DM für von Ihnen angefertigte Fotokopien DIN A 4 haben wir laut § 10.5 AV auf 0,20 DM/Stck. richtiggestellt.

Wir bitten um Kenntnisnahme und verbleiben

mit freundlichen Grüßen

(ARGE-Bauleitung)

Musterbrief 1.1.76

Sachverhalt
Die Baustelle erhält von der Partnerfirma M & S die erste Gerätemietbelastung zur Prüfung und Anerkennung zugesandt.
Nach genauer Überprüfung stellte die Bauleitung jedoch fest, daß nicht, wie vereinbart, der untere, sondern der obere Abschreibungs- und Verzinsungssatz der BGL zur Berechnung der Gerätemiete herangezogen worden ist.

Aufgabe
Wir, die ARGE, reichen der Firma M & S ihre Mietbelastung wieder zurück und bitten unter Hinweis auf § 14.411 AV um Neuausstellung derselben.

ARGE-Bauleitung an Partnerfirma

Gerätevorhaltung

Sehr geehrte Damen und Herren,

nach Prüfung Ihrer Gerätemietbelastung stellten wir fest, daß Sie den oberen Abschreibungs- und Verzinsungssatz laut BGL berechnen.

Da laut § 14.411 AV der untere BGL-Wert zur Verrechnung heranzuziehen ist, geben wir Ihre Gerätevorhalteliste mit der Bitte um Richtig- bzw. Neuausstellung zurück.

Mit freundlichen Grüßen

(ARGE-Bauleitung)

Anlage

Musterbrief 1.1.77

Sachverhalt
Wegen eines defekten Hubmotors fällt der von Partner M & S beigestellte Kran aus. M & S
wird sofort telefonisch davon unterrichtet und dringend gebeten, einen neuen Hubmotor
einzubauen.
Dieser Einbau verzögert sich jedoch um mehr als 14 Tage. Nach Eingang der Gerätemietbelastung stellen wir fest, daß die Mietbelastung auch während des Stillstandes in voller
Höhe weiterlief.

Aufgabe
Wir, die ARGE, bitten Partner M & S deshalb um eine Gutschrift aufgrund § 14.412.3 AV.
Die Gerätemietbelastung erkennen wir unter Vorbehalt an.

ARGE-Bauleitung an Partnerfirma

Gerätemietbelastung
hier: Kranreparatur

Sehr geehrte Damen und Herren,

wegen eines defekten Hubmotors war der von Ihrer Firma beigestellte Kran in der
Zeit vom ... bis ... nicht einsetzbar.

Da sich die von Ihnen auszuführende Reparatur trotz sofortiger Benachrichtigung
und der Bitte um unverzüglichen Einbau eines neuen Motors um mehr als 14 Tage
verzögerte, lehnen wir die Übernahme der Gerätevorhaltekosten für diesen
Zeitraum ab.

Unter Bezugnahme auf § 14.412.3 AV bitten wir um Erteilung einer Gutschrift ab
dem 4. Stillstandstag bis zur Wiederinbetriebnahme.

Die uns zugesandte Gerätevorhalteliste erkennen wir unter Vorbehalt an.

Mit freundlichen Grüßen

(ARGE-Bauleitung)

1.2 Briefe von den Partnerfirmen an die ARGE-Bauleitung

Musterbrief 1.2.1

Sachverhalt

Aufgrund eines Beschlusses der Aufsichtsstelle erhält der bei der ARGE tätige Polier Fritz Schmittkunz eine Bauabschlußprämie von 1.000,– DM.

Aufgabe

Wir, die technische Geschäftsführung, bestätigen diesen Beschluß in einem Schreiben an die ARGE, in dem gleichzeitig um Auszahlung des Betrages gemäß § 12.374.1 AV und (§ 12.375 AV) der Zuschläge von 32 % laut § 12.371.5 AV gebeten wird.

Partnerfirma an ARGE-Bauleitung

Bauabschlußprämie

Sehr geehrte Damen und Herren,

laut Beschluß der Aufsichtsstelle erhält der bei der ARGE tätige Polier Fritz Schmittkunz eine Bauabschlußprämie in Höhe von 1.000,– DM.

Die Gewährung des Betrages erfolgt gem. § 12.374.1 bzw. § 12.375 AV mit 32 % Zuschlag laut § 12.371.5 AV und soll mit der nächsten Lohnabrechnung ausgezahlt werden.

Mit freundlichen Grüßen

(Partnerfirma)

Musterbrief 1.2.2

Sachverhalt

Die Partnerfirma M & S hat der Baustelle einen VW-Kombi für Baustellenfahrten zur Verfügung gestellt, nimmt dieses Gerät aber nicht in die Gerätemietberechnungen nach § 14
AV auf, sondern überläßt der ARGE das Fahrzeug unter der Bedingung, daß die gefahrenen Kilometer abgerechnet und bezahlt werden.

Aufgabe

Wir, Partner M & S, teilen dies der ARGE mit und verweisen darauf, daß der gefahrene Kilometer laut § 15.343.3 AV 1,10 DM kostet und daß außerdem ein Fahrtenbuch zu führen
ist, nach dem jeweils am Monatsende abgerechnet wird.

Partnerfirma an ARGE-Bauleitung

VW-Kombi für Baustellenfahrten

Sehr geehrte Damen und Herren,

wie vereinbart stellen wir der Baustelle einen VW-Kombi zur Verfügung. Das
Fahrzeug wird nicht gem. § 14 beigestellt, kann jedoch während der Standzeit auf
der Baustelle für Besorgungsfahrten eingesetzt werden.

Die Berechnung erfolgt gemäß § 15.343.3 AV mit einem Satz von 1,10 DM für
jeden gefahrenen Kilometer. Grundlage für die monatliche Abrechnung ist ein von
der Baustelle zu führendes Fahrtenbuch.

Mit freundlichen Grüßen

(Partnerfirma)

Musterbrief 1.2.3

Sachverhalt

Wir, Partner M & S, stellen bei Beginn der ARGE unseren Arbeitnehmer Franz Müller zur Baustelle ab. Alle bei uns beschäftigten Arbeitnehmer sind bei unserer Betriebskrankenkasse versichert.

Aufgabe

Da die Löhne für alle Arbeitnehmer direkt und zentral von der ARGE abgerechnet werden, teilen wir der ARGE kurz mit, daß der abgestellte Franz Müller nicht bei der zuständigen Krankenkasse (AOK) anzumelden ist, weil er bei unserer Betriebskrankenkasse bereits versichert ist. Eine Anmeldung gemäß § 8.521 AV entfällt.

Partnerfirma an ARGE-Bauleitung

Personalfreistellung
hier: Krankenkasse

Sehr geehrte Damen und Herren,

zu Ihrer Information teilen wir Ihnen mit, daß der an die ARGE freigestellte Arbeitnehmer Franz Müller bei unserer Betriebskrankenkasse gemeldet und krankenversichert ist. Wir verweisen in diesem Zusammenhang auf § 8.521 AV.

Mit freundlichen Grüßen

(Partnerfirma)

Musterbrief 1.2.4

Sachverhalt
Wir, Partner M & S, haben die Prämienrechnung für die Kranversicherung in Höhe von
2 v. H. des BGL-Neuwertes aufgestellt und die von der ARGE anteilig zu tragenden Kosten ermittelt.

Aufgabe
Wir übersenden der ARGE mit einem kurzen Begleitschreiben diese Rechnung und bitten
um Prüfung und Anerkennung.

Partnerfirma an ARGE-Bauleitung

Prämienrechnung
hier: Kranversicherung

Sehr geehrte Damen und Herren,

anliegend erhalten Sie die von der ARGE zu tragende Prämienrechnung für die
Kranversicherung mit der Bitte um Prüfung und Anerkennung.

Mit freundlichen Grüßen

(Partnerfirma)

Anlage

Musterbrief 1.2.5

Sachverhalt
Die ARGE betreibt ein von Partner M & S beigestelltes Kraftfahrzeug.

Aufgabe
Wir, Partner M & S, übersenden der ARGE eine Rechnung über die gemäß § 17.42 AV verauslagte Kraftfahrzeugsteuer für die Zeit vom 01. 06. 95 bis 30. 09. 95 mit einem kurzen Begleitschreiben.

Partnerfirma an ARGE-Bauleitung

Rechnung Nr. 283 vom 12. 10. 95
hier: Kfz-Steuer

Sehr geehrte Damen und Herren,

gemäß § 17.42 AV übersenden wir Ihnen anliegend unsere Rechnung Nr. 283 über verauslagte Kfz-Steuer für die Zeit vom 01. 06. 95 bis 30. 09. 95.

Wir bitten um Prüfung und Anerkennung.

Mit freundlichen Grüßen

(Partnerfirma)

Anlage

Musterbrief 1.2.6

Sachverhalt
Partner Schmittke hat sich von der ARGE Personal entliehen, welches 2 Wochen auf einer anderen Baustelle von Schmittke im Einsatz war. Nach Beendigung der Abstellung verrechnet die ARGE ordnungsgemäß alle angefallenen Kosten direkt an Schmittke, dem die Verrechnungssätze zu hoch erscheinen.

Aufgabe
Wir, die Firma Schmittke, teilen dies der ARGE mit und kündigen außerdem unseren Besuch auf der Baustelle an, wo wir zur Klärung dieser Angelegenheit Einsicht in die Lohnunterlagen der ARGE nehmen wollen. Wir berufen uns dabei auf unser Recht laut § 19.3 AV.

Partnerfirma an ARGE-Bauleitung

Ihre Rechnung Nr. 2c/722/8136

Sehr geehrte Damen und Herren,

wir bestätigen den Erhalt Ihrer im Betreff genannten Belastung, teilen Ihnen nach Prüfung jedoch mit, daß uns die verrechneten Stundensätze für das abgestellte Personal etwas zu hoch erscheinen.

Zur Klärung dieser Angelegenheit werden wir in den nächsten Tagen zwecks Einsichtnahme in die Lohnunterlagen die Baustelle besuchen. Wir verweisen in diesem Zusammenhang auf das Recht der Einsichtnahme laut § 19.3 AV.

Mit freundlichen Grüßen

(Partnerfirma)

Musterbrief 1.2.7

Sachverhalt
Die ARGe erhält von Partner M & S insgesamt 12,034 t Spundbohlen angeliefert und sofort in Rechnung gestellt.

Aufgabe
Wir, M & S, teilen in einem Begleitschreiben zu vorgenannter Rechnung der ARGE mit, daß die Berechnung der Beladekosten in Höhe von 45,– DM/t aufgrund § 15.221.2 AV gesondert erfolgt, abweichend von § 15.25 AV, wonach die Beladekosten auf den Rechnungen gesondert mit aufgeführt werden sollten.

Partnerfirma an ARGE-Bauleitung

Unsere Rechnung Nr. 182a/722/8136
hier: Beladekosten

Sehr geehrte Damen und Herren,

anliegend erhalten Sie o. g. Rechnung über angelieferte Spundbohlen.

Wir bitten um Beachtung, daß die Verrechnung der Beladekosten von 45,– DM/t laut § 15.221.2 AV gesondert und deshalb abweichend von § 15.25 AV erfolgt.

Mit freundlichen Grüßen

(Partnerfirma)

Musterbrief 1.2.8

Sachverhalt
Wir, Partner Schmittke, wünschen, daß bei Rücksendung von Stoffen, Vorhaltestoffen, Geräten oder Maschinen die bei Schmittke gültigen Versandscheine zu verwenden sind.

Aufgabe
Wir, die Partnerfirma Schmittke, machen bei Beginn der ARGE die Bauleitung darauf aufmerksam und verweisen auf die Möglichkeit laut § 15.5 AV.

Partnerfirma an ARGE-Bauleitung

Geräte- und Stofferücklieferungen
hier: Verwendung unserer Versandscheine

Sehr geehrte Damen und Herren,

bezugnehmend auf § 15.5 AV bitten wir, alle während der Bauzeit zu unserer Firma zurückgehenden Geräte oder Stoffe mit unseren Versandformularen anzuzeigen.

Mit freundlichen Grüßen

(Partnerfirma)

Sachverhalt
Die ARGE kauft, ohne bei den Partnerfirmen anzufragen, einen Verteilerschrank für
2.500,– DM.

Aufgabe
Wir, die Partnerfirma H & S, hätten zwar auch keinen Verteilerschrank beistellen können,
beschweren uns aber schriftlich bei der ARGE, daß bei der Höhe des Betrages nicht vor
dem Kauf die Genehmigung bei den Partnern laut § 14.24 AV eingeholt wurde.

Partnerfirma an ARGE-Bauleitung

Ankauf eines Verteilerschrankes

Sehr geehrte Damen und Herren,

aus einer zur Zahlung eingegangenen Rechnung der Firma »INU« konnten wir
feststellen, daß Sie einen Verteilerschrank für 2.500,– DM gekauft haben.

Laut § 14.24 AV ist bei einem Anschaffungswert von über 1.000,– DM die
Kaufgenehmigung bei der Aufsichtsstelle einzuholen. Wir erwarten von Ihnen, bei
künftigen Käufen dieser Größenordnung die vertraglichen Vereinbarungen und
Auflagen zu beachten.

Mit freundlichen Grüßen

(Partnerfirma)

Musterbrief 1.2.10

Sachverhalt
Die ARGE hat alle Partner angeschrieben und mitgeteilt, daß infolge der geringen Leistung
für Monat Juli 1995 kein Monatsabschluß erstellt werden soll und erbittet hierfür die Zustimmung der Partner.

Aufgabe
Wir, die Partnerfirma M & S, teilen der ARGE mit, daß wir damit einverstanden sind.

Partnerfirma an ARGE-Bauleitung

Monatsabschluß per 31. Juli 1995

Sehr geehrte Damen und Herren,

in Beantwortung Ihres Schreibens vom 31. 07. 95 erklären wir uns einverstanden,
per Juli 95 keinen Monatsabschluß zu erstellen.

Mit freundlichen Grüßen

(Partnerfirma)

Musterbrief 1.2.11

Sachverhalt
Die Baustelle hat Partner H & S einen Bohrhammer zurückgesandt, welcher nach Eintreffen bei H & S nicht funktioniert.

Aufgabe
Wir, die Partnerfirma H & S, teilen dies der Baustelle mit und verweisen auf § 14.72 AV, wonach die Baustelle die anfallenden Reparaturkosten zu tragen hat.

Partnerfirma an ARGE-Bauleitung

Rücklieferung Bohrhammer, Inv.-Nr. 213 384

Sehr geehrte Damen und Herren,

der am 14. 08. 95 mit Versandschein Nr. 47832 zurückgelieferte Bohrhammer, Inv.-Nr. 213 384, befindet sich nachweislich in nicht einsatzfähigem Zustand.

Wir verweisen in diesem Zusammenhang auf § 14.72 AV, wonach Sie mit den anfallenden Reparaturkosten belastet werden.

Wir bitten um Kenntnisnahme.

Mit freundlichen Grüßen

(Partnerfirma)

Musterbrief 1.2.12

Sachverhalt

Ein Arbeitnehmer der Partnerfirma Schmittke soll ab Montag, dem 28. 08. 95, die Arbeit bei der ARGE aufnehmen. Da er am Montag um 8.00 Uhr mit der Arbeit beginnen muß, soll er bereits am Sonntag, dem 27. 08. 95, zur Baustelle anreisen.

Aufgabe

Wir, die Firma Schmittke, weisen die ARGE darauf hin, daß diese laut § 12.52 AV die Reisezeit für den Arbeitnehmer zu bezahlen hat.

Partnerfirma an ARGE-Bauleitung

Reisekosten

Sehr geehrte Damen und Herren,

da unser Arbeitnehmer Köhler auf Wunsch der Baustelle am Montag um 8.00 Uhr die Arbeit aufzunehmen hat, ist wegen der großen Entfernung zwischen Wohn- und Arbeitsort die Anreise bereits am Sonntag, dem 27. 08. 95, erforderlich.

Da auch die Reisezeit als Tätigkeit für die Baustelle anzusehen ist, hat laut § 12.52 AV die ARGE sämtliche mit der Anreise verbundenen Kosten zu übernehmen.

Wir bitten um Kenntnisnahme.

Mit freundlichen Grüßen

(Partnerfirma)

Musterbrief 1.2.13

Sachverhalt
Die Partnerfirmen haben zu dem am 16. 08. 95 um 14.00 Uhr auf der Baustelle stattfindenden Richtfest eine Einladung mit der Bitte erhalten, eine Teilnahmezusage und die Anzahl der teilnehmenden Personen bekanntzugeben.

Aufgabe
Wir, Partner Schmittke, teilen mit, daß wir mit vier Personen an der Feier teilnehmen werden.

Partnerfirma an ARGE-Bauleitung

Richtfest am 16. 08. 1995

Sehr geehrte Damen und Herren,

in Beantwortung Ihres Schreibens vom . . . teilen wir Ihnen mit, daß an den Richtfest-Feierlichkeiten vier Mitarbeiter unseres Unternehmens teilnehmen werden.

Wir bitten um entsprechende Disposition.

Mit freundlichen Grüßen

(Partnerfirma)

Musterbrief 1.2.14

Sachverhalt
Die ARGE hat Partner Schmittke Vorhaltestoffe mit einem Nettowert von 989,– DM
zurückgeliefert und auch schon verrechnet, aber die Gutschrift für die Entladekosten dabei vergessen.

Aufgabe
Wir, die Firma Schmittke, reklamieren ca. 6 Wochen nach Erhalt der Stoffe und der Rechnung, daß wir die zu erteilende Gutschrift über 10 % aus 989,– DM für Entladekosten noch
immer nicht erhalten haben, bitten um sofortige Zusendung und verweisen auf § 15.221.3
AV und § 15.25 AV.

Partnerfirma an ARGE-Bauleitung

Gutschrift von Entladekosten

Sehr geehrte Damen und Herren,

vor sechs Wochen haben wir Ihre Belastung über 989,– DM für die an uns
zurückgelieferten Vorhaltestoffe erhalten.

Laut § 15.25 AV hat die ARGE bei Rücklieferung von Stoffen gleichzeitig mit der
Rechnung auch eine Gutschrift für Entladekosten auszustellen.

Da diese Gutschrift gemäß § 15.221.3 AV in Höhe von 10 % des verrechneten
Nettobetrages noch nicht bei uns eingegangen ist, bitten wir um unverzügliche
Zusendung.

Mit freundlichen Grüßen

(Partnerfirma)

Musterbrief 1.2.15

Sachverhalt

Die ARGE hat am 08. 09. 95 noch keine Anwesenheitsliste für Angestellte, Monat August 1995, erstellt und den Partnern zugesandt.

Aufgabe

Wir, Partner H & S, bitten daraufhin in einem Schreiben die Baustelle um unverzügliche Erstellung und Hergabe der fehlenden Liste, die laut § 12.16 AV bis zum 5. des Folgemonats vorzuliegen hat.

Partnerfirma an ARGE-Bauleitung

Anwesenheitsmeldung August 1995

Sehr geehrte Damen und Herren,

laut § 12.16 AV ist den Gesellschaftern bis zum 5. des Folgemonats eine Anwesenheitsliste für auf der Baustelle beschäftigte Angestellte zuzustellen.

Da uns diese Liste bis heute nicht vorliegt, bitten wir um unverzügliche Zusendung.

Mit freundlichen Grüßen

(Partnerfirma)

Musterbrief 1.2.16

Sachverhalt
Partner M & S hat zwei total verschmutzte Rüttelflaschen zur Baustelle geliefert, die so nicht einsatzfähig sind. Die ARGE machte M & S darauf aufmerksam und bat um Mitteilung, ob die Geräte durch M & S-Personal gereinigt werden oder durch die ARGE auf Kosten von M & S.

Aufgabe
Wir, M & S, schreiben der ARGE einen Brief, worin wir uns für den bedauerlichen Vorfall entschuldigen und die Baustelle bitten, die Reinigung der Geräte auf Kosten von M & S durchzuführen.

Partnerfirma an ARGE-Bauleitung

Geräteinstandsetzung

Sehr geehrte Damen und Herren,

die von uns beigestellten verschmutzten und in dieser Form nicht einsatzfähigen Rüttelflaschen wurden irrtümlich in diesem Zustand an Ihre Baustelle gesandt.

Um weitere Transportkosten zu vermeiden, bitten wir Sie, die Geräte durch Baustellenpersonal instand setzen zu lassen und uns die Kosten in Rechnung zu stellen.

Wir bitten, das Versehen zu entschuldigen.

Mit freundlichen Grüßen

(Partnerfirma)

Musterbrief 1.2.17

Sachverhalt
Der von der Partnerfirma M & S beigestellte Kran soll demontiert und abtransportiert werden. Die Baustelle fragt bei H & S an, ob die transportbedingten Demontagezeiten des abzutransportierenden Kranes zu Lasten der Baustelle gehen.

Aufgabe
Wir, H & S, schreiben der Baustelle, daß diese Kosten laut § 14.34 AV Bestandteile der Gerätevorhaltung sind und deshalb von der Baustelle zu tragen seien.

Partnerfirma an ARGE-Bauleitung

Demontagekosten

Sehr geehrte Damen und Herren,

in Beantwortung Ihrer Anfrage teilen wir mit, daß die transportbedingten Demontagezeiten in den Fristen der Gerätevorhaltung enthalten und deshalb die Kosten für den Nutzungsausfall von der Baustelle zu tragen sind.

Zur Information verweisen wir diesbezüglich auf § 14.34 AV.

Mit freundlichen Grüßen

(Partnerfirma)

Musterbrief 1.2.18

Sachverhalt
Die ARGE hat am 10. des Folgemonats noch immer keine Personalstandsmeldung erstellt und an die Partnerfirmen gesandt.

Aufgabe
Wir, die technische Geschäftsführung, fragen deshalb bei der Baustelle nach dem Verbleib der Meldung und verweisen auf § 9.12 AV, wo festgelegt ist, daß bis zum 5. des folgenden Monats derartige Unterlagen bei den Gesellschaftern vorzuliegen haben.

Partnerfirma an ARGE-Bauleitung

Personalstandsmeldung

Sehr geehrte Damen und Herren,

laut § 9.12 AV ist bis spätestens 5. des Folgemonats eine nach Gesellschaftern und Berufsgruppen aufgeteilte Personalstandsmeldung zu erstellen und den Partnerfirmen zuzusenden.

Da uns diese Meldung bisher leider noch nicht vorliegt, bitten wir um unverzügliche Zustellung der noch fehlenden Unterlagen.

Mit freundlichen Grüßen

(Partnerfirma)

Musterbrief 1.2.19

Sachverhalt
Der Arbeitnehmer Kolb wurde von der ARGE am 09. 08. 95 fristgerecht zum 22. 08. 95
gemäß § 12.13 AV an Partner M & S freigemeldet.
Am 14. 08. 95 ging bei Partner M & S eine Arbeitsunfähigkeitsbescheinigung ein, welche
bis einschließlich 18. 09. 95 datiert ist.

Aufgabe
Wir, M & S, teilen der ARGE mit, daß wir aus vorgenannten Gründen die Übernahme des
Arbeitnehmers Kolb ab 22. 08. 95 ablehnen.
Nachdem Kolb in der Lohnliste der ARGE geführt wird und zum Zeitpunkt des Eintritts der
Krankheit noch Arbeitnehmer der ARGE war, muß die ARGE gemäß § 2.471 AV die Lohn-
fortzahlung bis einschließlich 18. 09. 95 bzw. bis zum Ende der gesetzlichen und tarifli-
chen Frist übernehmen und kann Kolb erst danach an uns zurücküberweisen.
Wir bitten außerdem um eine frühzeitige Benachrichtigung, sobald die Krankheitszeit von
Kolb beendet ist.

Partnerfirma an ARGE-Bauleitung

Personalfreimeldung Alfred Kolb

Sehr geehrte Damen und Herren,

wir bestätigen den Erhalt Ihres Schreibens vom 09. 08. 95, mit dem Sie unseren
Arbeitnehmer Alfred Kolb zum 22. 08. 95 freimelden.

Dazu teilen wir Ihnen mit, daß am 14. 08. 95 eine bis einschließlich 18. 09. 95
datierte Arbeitsunfähigkeitsbescheinigung von Kolb bei uns eingegangen ist.

Da Kolb zu Beginn der Arbeitsunfähigkeit noch Arbeitnehmer der ARGE war und
in der Lohnliste der Baustelle geführt wurde, hat die ARGE aufgrund § 12.471 AV
die Lohnfortzahlungskosten für die Dauer der Krankheit bzw. bis zur gesetzlich
und tariflich vorgesehenen Frist zu tragen.

Nach Beendigung der Arbeitsunfähigkeit bitten wir zwecks Übernahme von Kolb
um eine frühzeitige Benachrichtigung.

Mit freundlichen Grüßen

(Partnerfirma)

Musterbrief 1.2.20

Sachverhalt

Die ARGE hat bei einer Elektrofirma 15 Halogen-Strahler gekauft, ohne bei den beteiligten Partnerfirmen die Möglichkeit einer evtl. Beistellung zu überprüfen und zu erfragen.
Nach Eingang eines Durchschlages der Lieferantenrechnung bei Partner H & S beschwert
sich dieser bei der ARGE-Bauleitung.

Aufgabe

Wir, H & S, schreiben an die ARGE einen Brief, worin wir uns unter Hinweis auf § 13.22 AV
über vorgenannten Sachverhalt beschweren und darauf hinweisen, daß wir die gleichen
Lampen hätten beistellen können.

Partnerfirma an ARGE-Bauleitung

Sehr geehrte Damen und Herren,

mit Eingang der zur Zahlung anzuweisenden Kreditorenrechnung konnten wir
feststellen, daß Sie 15 Halogen-Strahler gekauft haben.

Laut § 13.22 AV haben Sie vor Kauf bei Dritten auf mögliche Bestände bei den
Gesellschaftern zurückzugreifen, was in diesem Fall nicht geschehen ist.

Wir machen darauf aufmerksam, daß unsere Firma die benötigten Strahler
problemlos hätte beistellen können und daß wir künftig darauf bestehen, vor
derartigen Einkäufen befragt zu werden.

Wir bitten um Beachtung und verbleiben

mit freundlichen Grüßen

(Partnerfirma)

Musterbrief 1.2.21

Sachverhalt
Partner H & S hat zur Baustelle eine Benzin-Handkreissäge beigestellt, welche defekt war und bei der Firma Schmitthuber repariert werden mußte. Schmitthuber sendet seine Rechnung Nr. 1835 vom 15. 08. 95 irrtümlich an H & S.

Aufgabe
Wir, H & S, senden daraufhin diese Rechnung mit einem kurzen Anschreiben an die ARGE mit der Bitte um sofortige Bezahlung laut § 14.421.2 AV.

Partnerfirma an ARGE-Bauleitung

Rechnung Nr. 1835 vom 15. 08. 95
hier: Reparatur Benzin-Handkreissäge

Sehr geehrte Damen und Herren,

anliegend übersenden wir Ihnen die im Betreff genannte Reparaturrechnung der Firma Schmitthuber mit der Bitte um sofortige Bezahlung.

Da wir für die Handkreissäge keine Reparaturpauschale erhalten haben, hat die ARGE gem. § 14.421.2 AV die Instandsetzungskosten zu übernehmen.

Mit freundlichen Grüßen

(Partnerfirma)

Anlage

Musterbrief 1.2.22

Sachverhalt
Der Arbeitnehmer Bachmeier beendet am 09. 02. 95 seine Tätigkeit bei der ARGE und soll
am 12. 06. 95 bei seiner Stammfirma M & S die Arbeit wieder aufnehmen.
Am 10. 06. 95 hat er jedoch einen Autounfall und ist nunmehr bis einschließlich 04. 07. 95
arbeitsunfähig, was er am 12. 06. 95 telefonisch seiner Stammfirma mitteilt.

Aufgabe
Wir, Partner M & S, teilen den Vorgang sofort am 12. 06. 95 schriftlich der ARGE mit und
verweisen auf § 12.472 AV und auf die Lohnfortzahlungspflicht durch die ARGE.
Wir bitten weiterhin um Mitteilung, wann der Mann wieder einsatzfähig ist und die Arbeit
bei uns aufnehmen kann.

Partnerfirma an ARGE-Bauleitung

Arbeitsaufnahme Max Bachmeier
hier: Erkrankung ab 10. 06. 95

Sehr geehrte Damen und Herren,

der im Betreff genannte Arbeitnehmer sollte heute die Arbeit bei unserer Firma
aufnehmen.

Wie wir telefonisch durch Herrn Bachmeier in Erfahrung bringen konnten, hatte
dieser am 10. 06. 95 einen Autounfall und ist deshalb bis einschließlich 04. 07. 95
arbeitsunfähig.

Aufgrund der Tatsache, daß Bachmeier die Arbeit bei uns noch nicht
aufgenommen hatte, gehen die Lohnfortzahlungskosten laut § 12.472 AV,
unbeschadet der gesetzlichen Regelung, zu Lasten der ARGE.

Wir bitten um Kenntnisnahme sowie zu gegebener Zeit um Mitteilung, wann
Bachmeier die Arbeit wieder aufnehmen kann.

Mit freundlichen Grüßen

(Partnerfirma)

Musterbrief 1.2.23

Sachverhalt
Für eine auf der Baustelle durchgeführte Reparatur berechnet die ARGE dem Partner M & S einen Stundensatz von 75,– DM (Gerätereparatur).

Aufgabe
Wir, M & S, weisen diese Rechnung zurück und bitten um Neuausstellung aufgrund § 14.531 AV mit einem Stundensatz von 60,– DM.

Partnerfirma an ARGE-Bauleitung

Ihre Rechnung Nr. 23a/722/8136

Sehr geehrte Damen und Herren,

für ausgeführte Reparaturarbeiten belasten Sie uns mit einem Stundensatz von 75,– DM.

Gemäß § 14.531 sind Arbeiten der ARGE für die Gesellschafter lediglich mit einem Satz von 60,– DM/h zu berechnen. Wir geben daher Ihre Rechnung Nr. 23a/722/8136 mit der Bitte um Neuausstellung zurück.

Mit freundlichen Grüßen

(Partnerfirma)

Anlage

Musterbrief 1.2.24

Sachverhalt
Die ARGE-Baustelle ist beendet und soll geräumt werden. Dazu ist es notwendig, den Partnern eine Aufstellung zukommen zu lassen, woraus sämtliche zur Verteilung anstehenden Gebrauchsstoffe, Werkzeuge, Maschinen und Geräte ersichtlich sind.

Aufgabe
Wir, M & S, bitten die ARGE unter Hinweis auf § 13.41 AV um Erstellung und Zusendung vorgenannter Liste.

Partnerfirma an ARGE-Bauleitung

Räumung der Baustelle
hier: Verteilung der Gebrauchsstoffe

Sehr geehrte Damen und Herren,

gem. § 13.41 AV bitten wir um Erstellung und Zusendung einer Liste, aus der alle zur Verteilung anstehenden Gebrauchsstoffe, Werkzeuge, Maschinen und Geräte ersichtlich sind.

Für eine sofortige Erledigung danken wir und verbleiben

mit freundlichen Grüßen

(Partnerfirma)

Musterbrief 1.2.25

Sachverhalt
Baukaufmann Bach sendet am Ende des Abrechnungsmonats die abgeschlossene Baukasse der ARGE an die kaufmännische Geschäftsführung.

Aufgabe
Wir, H & S, rügen daraufhin Bach, da bei den Unterlagen einige Kassenbelege sind, die
nicht, wie in § 8.5 AV festgelegt, von Bauleiter Losch gegengezeichnet wurden.

Partnerfirma an ARGE-Bauleitung

Baukasse August 1995

Sehr geehrter Herr Bach,

wir bestätigen den Erhalt der Baukasse für Monat August 95, müssen aber leider
feststellen, daß ein Teil der verbuchten Kassenbelege nicht durch den Bauleiter,
Herrn Losch, gegengezeichnet ist.

Wir verweisen diesbezüglich auf § 8.5 AV und erwarten künftig eine
ordnungsgemäße Bearbeitung derartiger Unterlagen.

Mit freundlichen Grüßen

(Partnerfirma)

Musterbrief 1.2.26

Sachverhalt
Der von der Partnerfirma Schmittke zur ARGE abgestellte Zimmerer Wilhelm Kubitscheck
wurde am 14. 08. 95 zum 28. 08. 95 freigemeldet.

Aufgabe
Wir, Schmittke, teilen der ARGE mit, daß Kubitscheck am 28. 08. 95 die Arbeit auf der
Baustelle »Kanal Schnaittach« aufnehmen soll und die Arbeitspapiere von Kubitscheck an
die Anschrift unserer Firma gesandt werden sollen. Wir bitten, den Arbeitnehmer Kubitscheck davon zu unterrichten und bedanken uns.

Partnerfirma an ARGE-Bauleitung

Personalfreimeldung vom 14. 08. 95
hier: Wilhelm Kubitscheck

Sehr geehrte Damen und Herren,

der mit Schreiben vom 14. 08. 95 zum 28. 08. 95 freigemeldete Zimmerer Wilhelm
Kubitscheck soll zu vorgenanntem Termin die Arbeit auf unserer Baustelle »Kanal
Schnaittach« aufnehmen.

Wir bitten Sie, Herrn Kubitscheck zu informieren und die Arbeitspapiere nach
Abschluß der Lohnabrechnung an unsere Firmenanschrift zu senden.

Für Ihre Bemühungen danken wir.

Mit freundlichen Grüßen

(Partnerfirma)

Musterbrief 1.3.1

Sachverhalt

Auf der Baustelle trifft ein Kompressor, 7,0 m³, Inv.-Nr. 334958, der Partnerfirma Schmittke ein und soll nach 20 Kalendertagen erstmals zum Einsatz kommen, wobei festgestellt wird, daß das Gerät nicht anspringt.

Aufgabe

Wir, die ARGE, schreiben der Firma Schmittke daraufhin eine Mängelmeldung und bitten um sofortige Reparatur des Kompressors. Außerdem lehnen wir die Übernahme der Gerätemietbelastung seit dem Eintreffen des Kompressors auf der Baustelle gemäß § 14.71 AV ab.

ARGE-Bauleitung an Partnerfirma

Kompressor, Inv.-Nr. 334958
hier: Mängelmeldung

Sehr geehrte Damen und Herren,

der vor 20 Kalendertagen von Ihnen beigestellte Kompressor, Inv.-Nr. 334958, sollte heute erstmals zum Einsatz kommen. Bei dieser Gelegenheit mußten wir feststellen, daß das Gerät nicht in Gang zu bringen war.

Aufgrund dieser Tatsache gehen wir davon aus, daß der Kompressor in nicht einsatzfähigem Zustand beigestellt wurde, und lehnen deshalb unter Hinweis auf § 14.71 AV sowohl die Übernahme der Instandsetzungskosten als auch der Vorhaltekosten für die Ausfallzeit ab.

Wir bitten Sie, das Gerät durch Ihr Werkstattpersonal besichtigen und reparieren zu lassen. Für eine baldige Erledigung wären wir sehr dankbar.

Mit freundlichen Grüßen

(ARGE-Bauleitung)

Musterbrief 1.3.2

Aufgabe zu Sachverhalt Fall 1.3.1
Wir, Partner Schmittke, weisen diese Mängelmeldung der ARGE unter Hinweis auf § 14.74
AV zurück.

Partnerfirma an ARGE-Bauleitung

Ihre Mängelmeldung
hier: Kompressor, Inv.-Nr. 334958

Sehr geehrte Damen und Herren,

Ihre im Betreff genannte Mängelmeldung betreffend Kompressor, Inv.-Nr. 334958,
weisen wir hiermit unter Hinweis auf § 14.74 AV zurück. Die Frist zur
Geltendmachung von Mängeln, nämlich 14 Kalendertage, wurde von Ihnen nicht
ordnungsgemäß eingehalten.

Das Gerät wird somit von unserem Personal auf Kosten der ARGE instand
gesetzt.

Wir bitten um Kenntnisnahme.

Mit freundlichen Grüßen

(Partnerfirma)

Musterbrief 1.3.3

Sachverhalt
Partner H & S transportiert mit eigenem Lkw Geräte von der Baustelle zu seinem Lagerplatz, wobei während der Fahrt eine Tischkreissäge vom Lkw fällt und vollkommen zerstört wird.

Aufgabe
Wir, H & S, teilen diesen Vorfall der ARGE-Bauleitung mit und machen darauf aufmerksam,
daß die ARGE die Kosten für die Neubeschaffung der Tischkreissäge zu übernehmen hat.

Partnerfirma an ARGE-Bauleitung

Transportschaden

Sehr geehrte Damen und Herren,

bei dem am 14. 08. 95 durchgeführten Geräterücktransport zu unserem Lagerplatz
fiel eine Tischkreissäge, Inv.-Nr. 1234567, infolge einer Vollbremsung des Lkw von
der Ladefläche und wurde dabei vollkommen zerstört.

Wir setzen Sie davon in Kenntnis, daß wir Ihnen die Kosten für die
Neubeschaffung in Rechnung stellen werden.

Mit freundlichen Grüßen

(Partnerfirma)

Musterbrief 1.3.4

Aufgabe zu Sachverhalt Fall 1.3.3
Wir, die ARGE, lehnen in einem Schreiben an die Partnerfirma Schmittke die Kostenübernahme für die defekte Tischkreissäge aufgrund § 15.42 AV ab.

ARGE-Bauleitung an Partnerfirma

Transportschaden Tischkreissäge
hier: Ihr Schreiben vom 15. 08. 95

Sehr geehrte Damen und Herren,

wir bestätigen den Erhalt Ihres im Betreff genannten Schreibens, lehnen jedoch gemäß § 15.42 AV die Übernahme jeglicher Kosten für die defekte Kreissäge ab.

Wir betrachten die Angelegenheit damit als für uns erledigt.

Mit freundlichen Grüßen

(ARGE-Bauleitung)

Musterbrief 1.3.5

Sachverhalt
Auf der Baustelle wurde die vorgeschriebene TÜV-Untersuchung bei dem von Partner M & S beigestellten Kran T 63 vorgenommen.
Die Gebührenrechnung wird von dem bei der Untersuchung anwesenden Maschinenmeister des Partners M & S sofort bezahlt und verauslagt.

Aufgabe
Wir, Partner M & S, übersenden der Baustelle eine Partnerbelastung, mit der die verauslagten TÜV-Gebühren verrechnet wurden. Zur Information über den genauen Sachverhalt fügen wir ein kurzes Anschreiben unserer Rechnung bei.

Partnerfirma an ARGE-Bauleitung

TÜV-Abnahme Kran T 63
hier: Gebührenrechnung

Sehr geehrte Damen und Herren,

am 16. 08. 95 wurde auf der Baustelle eine TÜV-Prüfung an dem von uns beigestellten Kran T 63 vorgenommen. Die durch unseren Maschinenmeister bezahlten und durch uns verauslagten Prüfgebühren stellen wir Ihnen mit beigefügter Partnerbelastung Nr. 38 in Rechnung.

Wir bitten um Prüfung und Anerkennung.

Mit freundlichen Grüßen

(Partnerfirma)

Anlage

Musterbrief 1.3.6

Aufgabe zu Sachverhalt Fall 1.3.5
Wir, die ARGE, senden unter Hinweis auf § 14.9 AV diese Rechnung über die TÜV-Gebühren zu unserer Entlastung wieder zurück an Partner M & S und lehnen die Kostenübernahme ab.
Es handelte sich um eine zeitabhängige vorgeschriebene Prüfung durch den TÜV, die der beistellende Partner selbst zu tragen hat.

ARGE-Bauleitung an Partnerfirma

Ihre Partnerrechnung Nr. 38
hier: TÜV-Gebühren für Kranabnahme

Sehr geehrte Damen und Herren,

unter Hinweis auf § 14.9 AV reichen wir Ihre im Betreff genannte
Partnerrechnung zu unserer Entlastung zurück.

Da es sich bei der TÜV-Prüfung nicht um eine baubetrieblich bedingte Abnahme,
sondern um eine zeitabhängige vorgeschriebene Untersuchung handelte, gehen
diese Kosten zu Lasten des Geräteeigentümers.

Wir bitten deshalb um Rücknahme und Stornierung Ihrer Rechnung.

Mit freundlichen Grüßen

(ARGE-Bauleitung)

Anlage

Musterbrief 1.3.7

Sachverhalt
Auf der ARGE-Baustelle ist durch unsachgemäße Bedienung der von Partner H & S beigestellte Bagger M 90, Inv.-Nr. 123456, umgefallen.

Aufgabe
Wir, die ARGE, melden diesen Schadensfall sofort und unverzüglich laut § 14.61 AV an
Partner H & S und teilen weiterhin mit, daß kein Personenschaden entstanden sei.
Außerdem bitten wir, wie bereits telefonisch besprochen, zur Besichtigung des Schadens
sofort eine Reparaturmannschaft zur Baustelle zu beordern.

ARGE-Bauleitung an Partnerfirma

Gewaltschaden Bagger M 90, Inv.-Nr. 123456

Sehr geehrte Damen und Herren,

laut § 14.61 AV setzen wir Sie davon in Kenntnis, daß heute der von Ihnen
beigestellte Bagger M 90, Inv.-Nr. 123456, vermutlich durch unsachgemäße
Bedienung umgekippt und beschädigt worden ist. Personen kamen dabei
glücklicherweise nicht zu Schaden.

Wie bereits bei der telefonischen Meldung vereinbart, bitten wir um sofortige
Besichtigung des Gerätes und um unverzügliche Reparatur durch Ihr
Werkstattpersonal.

Für eine schnellstmögliche Erledigung danken wir.

Mit freundlichen Grüßen

(ARGE-Bauleitung)

Musterbrief 1.3.8

Aufgabe zu Sachverhalt Fall 1.3.7
Wir, Partner H & S, antworten sofort auf das Schreiben der ARGE und teilen mit, daß unser Maschineningenieur Müller zur Besichtigung des Schadens die Baustelle besuchen wird. Außerdem verweisen wir auf § 14.61 sowie § 25.3 AV und lehnen die Übernahme der Reparaturkosten von vornherein ab, da sie von der Baustelle zu tragen sind.

Partnerfirma an ARGE-Bauleitung

Gewaltschaden Bagger M 90
hier: Ihr Schreiben vom 12. 09. 95

Sehr geehrte Damen und Herren,

wir bestätigen den Erhalt Ihres o. g. Schreibens und teilen Ihnen hierzu mit, daß unser Maschineningenieur Müller noch heute zwecks Besichtigung des Schadens die Baustelle besuchen wird.

Da es sich aufgrund Ihrer schriftlichen Schadensmeldung offensichtlich um einen Bedienungsfehler handelte, gehen laut § 14.61 AV alle anfallenden Kosten zu Lasten der ARGE.

Gemäß § 25.3 AV wird die notwendige Wiederinstandsetzung des Gerätes durch unser Personal vorgenommen.

Mit freundlichen Grüßen

(Partnerfirma)

Musterbrief 1.3.9

Sachverhalt
Die ARGE-Baustelle beginnt und soll mit den dafür notwendigen Geräten bestückt und ausgestattet werden, und zwar ab 01. 08. 95.
Eine Soll-Geräteliste wurde am 14. 06. 95 angefertigt und jedem Partner zur Information, Kenntnisnahme und Disposition zugesandt. Gleichzeitig wurde um pünktliche Beistellung der benötigten Geräte ab 01. 08. 95 gebeten.

Aufgabe
Wir, die ARGE, fordern nun Partner M & S auf, die laut Soll-Geräteliste von ihm beizustellenden Geräte zur Baustelle zu bringen.

ARGE-Bauleitung an Partnerfirma

Gerätebeistellung

Sehr geehrte Damen und Herren,

laut der am 14. 06. 95 erstellten und von den beteiligten Gesellschaftern bestätigten Soll-Geräteliste ist unsere Baustelle ab 01. 08. 95 mit den erforderlichen Geräten und Maschinen auszurüsten.

Um Verzögerungen im ohnehin gedrängten Bauzeitenplan zu vermeiden, wären wir für eine pünktliche Anlieferung der von Ihnen beizustellenden Geräte sehr dankbar.

Mit freundlichen Grüßen

(ARGE-Bauleitung)

Musterbrief 1.3.10

Aufgabe zu Sachverhalt Fall 1.3.9
Wir, Partner M & S, teilen der ARGE-Bauleitung mit, daß wir die laut Soll-Geräteliste vom
14. 06. 95 beizustellenden Geräte im Moment auf einer anderen Baustelle im Einsatz haben, diese dort auch nicht freibekommen und lehnen deshalb die Beistellung der Geräte
für den Moment ab.

Partnerfirma an ARGE-Bauleitung

Gerätebeistellung

Sehr geehrte Damen und Herren,

bezugnehmend auf Ihr Schreiben müssen wir Ihnen leider mitteilen, daß die laut
Soll-Geräteliste vom 14. 06. 95 von unserer Firma beizustellenden Geräte derzeit
nicht zur Verfügung stehen.

Die angeforderten Geräte sind auf einer anderen Baustelle im Einsatz und können
deshalb momentan aus terminlichen Gründen nicht abgezogen und beigestellt
werden.

Wir bitten um Ihr Verständnis und verbleiben

mit freundlichen Grüßen

(Partnerfirma)

Musterbrief 1.3.11

Aufgabe zu Sachverhalt Fall 1.3.9
Wir, die ARGE, fordern nach Erhalt des Schreibens von M & S diesen nochmals auf, die
laut Soll-Geräteliste und Beschluß der Aufsichtsstelle beizustellenden Geräte fristgemäß
zum 01. 08. 95 anzuliefern und verweisen auf die Beistellungspflicht nach dem Beteiligungsverhältnis laut § 14.21 AV.

ARGE-Bauleitung an Partnerfirma

Gerätebeistellung

Sehr geehrte Damen und Herren,

es ist uns leider nicht möglich, Ihre Argumentation zur Ablehnung der von Ihnen
beizustellenden Geräte nachzuvollziehen.

Wir bestehen auf der Einhaltung des vereinbarten Termins 01. 08. 95 für die laut
Soll-Geräteliste durch Sie anzuliefernden Geräte und verweisen in diesem
Zusammenhang auf Ihre Beistellungspflicht gemäß § 14.21 AV. Demnach sind die
für die Bauausführung notwendigen Geräte entsprechend dem
Beteiligungsverhältnis durch die Gesellschafter für die erforderliche Zeit
beizustellen.

Die Aufsichtsstelle hat laut Soll-Geräteliste vom 14. 06. 95 die von jedem Partner
zu stellenden Geräte und deren Einsatzzeit festgelegt. Wir bitten Sie, diese
getroffenen Vereinbarungen einzuhalten.

Mit freundlichen Grüßen

(ARGE-Bauleitung)

Musterbrief 1.3.12

Sachverhalt
Bei der Beurteilung von verschiedenen Paragraphen des ARGE-Vertrages, Fassung 1995,
hat es zwischen den beteiligten Partnerfirmen und der ARGE-Bauleitung Auslegungsdifferenzen gegeben.

Aufgabe
Aufgrund vorgenannten Sachverhaltes bitten wir, die ARGE, Partner H & S um Genehmigung zum Kauf des Kommentars zum ARGE-Vertrag.

ARGE-Bauleitung an Partnerfirma

ARGE-Vertrag, Fassung 1995
hier: Auslegungsdifferenzen

Sehr geehrte Damen und Herren,

wegen der unterschiedlichen Beurteilung verschiedener Paragraphen des ARGE-
Vertrages, Fassung 1995, kam es mehrfach zu Auslegungsdifferenzen zwischen
den Gesellschaftern und der ARGE-Bauleitung.

Um in solchen Fällen künftig Klarheit schaffen zu können, halten wir den Kauf
eines Kommentars zum ARGE-Vertrag, Fassung 1995, für notwendig und bitten
um Ihre Zustimmung dafür.

Für eine baldige Nachricht danken wir und verbleiben

mit freundlichen Grüßen

(ARGE-Bauleitung)

Musterbrief 1.3.13

Aufgabe zu Sachverhalt Fall 1.3.12

Wir, Partner H & S, schreiben an die ARGE zurück, daß wir mit der Bestellung des Kommentars einverstanden sind und bitten gleichzeitig, den Kommentar bei den Rücklieferungen wenn möglich für unsere Firma zu reservieren.

Partnerfirma an ARGE-Bauleitung

Kauf eines Kommentars zum ARGE-Vertrag

Sehr geehrte Damen und Herren,

auf Ihre Anfrage teilen wir unser Einverständnis zum Kauf eines Kommentars zum ARGE-Vertrag, Fassung 1995, mit.

Gleichzeitig bitten wir, bei Beendigung der Baustelle unser Interesse an der Übernahme zu berücksichtigen.

Mit freundlichen Grüßen

(Partnerfirma)

2 Schriftwechsel zwischen den Partnerfirmen einer ARGE

2.1 Briefe von der technischen Geschäftsführung – Partner M & S

Musterbrief 2.1.1

Sachverhalt

Wir, M & S, haben eine Niederschrift über die letzte ARGE-Sitzung angefertigt und diese fristgerecht innerhalb von 10 Kalendertagen an die anderen Partnerfirmen weitergereicht. Die kaufmännische Geschäftsleitung, Partner H & S, erhebt nach 5 Wochen Einspruch gegen Punkt 3a des Protokolls, der sachlich richtig ist, aber zu spät angemeldet wurde.

Aufgabe

Wir, M & S, erklären uns in einem Schreiben an Partner H & S mit dessen Einspruch einverstanden, verweisen aber auf § 6.7 AV, wo festgelegt wird, daß Einsprüche innerhalb von 14 Kalendertagen geltend gemacht werden müssen.

Technische Geschäftsführung an kaufmännische Geschäftsführung

Einspruch gegen Protokoll
hier: Aufsichtsstellensitzung vom 10. 08. 95

Sehr geehrte Damen und Herren,

mit Schreiben vom 19. 09. 95 erheben Sie Einspruch gegen Punkt 3a des von uns fristgerecht gefertigten und Ihnen zugestellten Protokolls der Aufsichtsstellensitzung vom 10. 08. 1995.

Da Ihr Einspruch sachlich korrekt ist, nehmen wir ihn nach telefonischer Abstimmung mit Partner Schmittke an, verweisen jedoch auf § 6.7 AV, wo festgelegt ist, daß Widersprüche innerhalb von 14 Kalendertagen zu erheben sind, andernfalls die Niederschrift als genehmigt gilt.

Wir bitten künftig um Einhaltung der vereinbarten Fristen und verbleiben

mit freundlichen Grüßen

(Technische Geschäftsführung)

Musterbrief 2.1.2

Sachverhalt

Obwohl heute bereits der 21. 09. 95 ist, liegt uns, M & S, noch immer keine Ergebnisübersicht per 31. 07. 95 von der kaufmännischen Geschäftsführung vor.

Aufgabe

Wir, die technische Geschäftsführung, teilen diesen Sachverhalt der kaufmännischen Geschäftsführung, Partner H & S, mit und verweisen in diesem Zusammenhang auf § 8.6 AV, wo festgelegt ist, daß Bilanzen bis zum 25. des dem Stichtag folgenden Monats den Gesellschaftern zu übersenden sind.
Wir bitten künftig um Beachtung.

Technische Geschäftsführung an kaufmännische Geschäftsführung

Monatsabschluß per 31. 07. 1995

Sehr geehrte Damen und Herren,

zu Ihrer Information teilen wir Ihnen heute, am 21. 09. 95, mit, daß uns noch immer keine Ergebnisübersicht per Ende Juli 95 vorliegt.

Laut § 8.6 AV sind Bilanzen jeweils bis zum 25. des dem Stichtag folgenden Monats sämtlichen Gesellschaftern zuzustellen.

Wir bitten dringend um Überprüfung und Zusendung der fehlenden Unterlagen sowie um künftige Beachtung der festgelegten Termine.

Mit freundlichen Grüßen

(Technische Geschäftsführung)

Musterbrief 2.1.3

Sachverhalt
Unser Bauleiter Losch fällt wegen eines Unfalles für ca. 6 Wochen aus, Stellvertreter Malterer ist noch 4 Wochen in Urlaub, und alle anderen Bauleiter unserer Firma (M & S) sind anderweitig fest und unabkömmlich im Einsatz.

Aufgabe
Wir, M & S, teilen dies den Partnern mit und erfragen die Möglichkeit einer eventuellen Ersatzbeistellung durch die Partner H & S oder Schmittke. Eine baldige, evtl. telefonische Antwort wird erbeten, da wir, wenn keine Beistellungsmöglichkeit besteht, u. U. Personal aus anderen Niederlassungsbereichen anfordern müßten.

Technische Geschäftsführung an Partnerfirmen

Vertretung für Bauleitung

Sehr geehrte Damen und Herren,

bedauerlicherweise fällt der von unserer Firma abgestellte Bauleiter Losch infolge eines Unfalles für etwa 6 Wochen aus. Stellvertreter Malterer befindet sich für vier Wochen in Urlaub und ist nicht erreichbar. Weiteres technisches Personal ist anderweitig beschäftigt und unabkömmlich.

In dieser Situation bitten wir, die Möglichkeit einer eventuellen Vertretung durch Ihre Firma zu überprüfen. Für eine sofortige telefonische Benachrichtigung wären wir sehr dankbar, da im Falle eines negativen Bescheides Personal aus einem anderen Niederlassungsbereich angefordert werden müßte.

Für Ihre Bemühungen danken wir und verbleiben

mit freundlichen Grüßen

(Technische Geschäftsführung)

Musterbrief 2.1.4

Sachverhalt

Bei uns, M & S, geht ein Schreiben der Universität Ingolstadt ein, worin sich mehrere Lehrkräfte und Studenten zu einem Baustellenbesuch am 19. 09. 95 ansagen.

Aufgabe

Wir, M & S, verständigen nach Eingang des Schreibens die anderen Partner unter Hinweis auf § 7.6 AV und bitten um eine eventuelle Teilnahme von Vertretern der Partner H & S und Schmittke.

Technische Geschäftsführung an Partnerfirmen

Baustellenbesichtigung

Sehr geehrte Damen und Herren,

für den 19. 09. 95 haben sich zur Besichtigung unserer Baustelle mehrere Lehrkräfte und Studenten der Universität Ingolstadt angemeldet.

Um die Teilnahme von Vertretern Ihrer Firma zu ermöglichen, geben wir Ihnen hiermit gem. § 7.6 AV den Termin bekannt und bitten höflichst um Ihr Erscheinen.

Mit freundlichen Grüßen

(Technische Geschäftsführung)

Musterbrief 2.1.5

Sachverhalt
Nach Prüfung der Partnerrechnungen der Firmen H & S und Schmittke durch die Baustelle erhalten wir, M & S, nie Durchschläge der geprüften Rechnungen.

Aufgabe
Wir, M & S, schreiben an die kaufmännische Geschäftsführung und bitten sie, Baukaufmann Bach zu veranlassen, nach Prüfung der H & S-und Schmittke-Rechnungen jeweils einen Durchschlag zur Information an uns zu senden. Wir verweisen diesbezüglich auf § 8.9 AV.

Technische Geschäftsführung an kaufmännische Geschäftsführung

Partnerrechnungen

Sehr geehrte Damen und Herren,

anhand der Buchungen stellen wir fest, daß wir von den geprüften Partnerrechnungen keine Durchschriften erhalten haben.

Wir bitten, Herrn Bach dahingehend zu beeinflussen, daß wir die uns laut § 8.9 AV zustehenden Unterlagen ebenfalls lückenlos erhalten.

Für Ihre Bemühungen danken wir.

Mit freundlichen Grüßen

(Technische Geschäftsführung)

Musterbrief 2.1.6

Sachverhalt

Die kaufmännische Geschäftsführung hat nach Eingang der verminderten Schlußzahlung auf unsere Schlußrechnung vom 28. 08. 95 an den Bauherrn versäumt, die technische Geschäftsführung rechtzeitig zu unterrichten.

Aufgabe

Wir, M & S, schreiben H & S einen Brief, worin wir mitteilen, daß die auf die Schlußzahlung des Bauherrn folgende Einspruchsfrist bereits um 3 Tage überschritten ist, und daß eventuelle, nicht mehr korrigierbare Abstriche des Bauherrn kostenmäßig zu Lasten von H & S gingen, sollte der Bauherr den Einspruch nicht mehr anerkennen.
Wir verweisen abschließend auf § 8.8 AV.

Technische Geschäftsführung an kaufmännische Geschäftsführung

Schlußzahlung durch Bauherrn
hier: Verspätete Mitteilung

Sehr geehrte Damen und Herren,

aufgrund Ihrer verspäteten Mitteilung über den Eingang der verminderten Zahlung des Bauherrn für unsere Schlußrechnung vom 28. 08. 95 wurde die Einspruchsfrist bereits um 3 Tage überschritten.

Sollte der Bauherr den Einspruch auf die vorgenommenen Abstriche nicht mehr akzeptieren, gehen laut § 8.8 AV alle daraus entstehenden Kosten bzw. Minderungen zu Ihren Lasten.

Wir bitten um Kenntnisnahme.

Mit freundlichen Grüßen

(Technische Geschäftsführung)

2.2 Briefe von der kaufmännischen Geschäftsführung – Partnerfirma H & S

Musterbrief 2.2.1

Sachverhalt
Die ARGE-Baustelle ist beendet und wurde auch bereits durch den Bauherrn abgenom-
men. Wir, die kaufmännische Geschäftsführung, haben jedoch, obwohl bereits 4 Wochen
seit der Abnahme vergangen sind, noch immer keinen Durchschlag der Abnahmeniederschrift durch die technische Geschäftsführung erhalten.

Aufgabe
Wir, H & S, verweisen in einem Schreiben an M & S auf obigen Sachverhalt und bitten um
sofortige Zusendung des Abnahmeprotokolls laut § 7.5 AV.

Kaufmännische Geschäftsführung an technische Geschäftsführung

Baustellenabnahme
hier: Abnahmeprotokoll

Sehr geehrte Damen und Herren,

für die vor ca. 4 Wochen durch den Bauherrn abgenommene Baustelle liegt uns
noch immer kein Protokoll vor.

Wir verweisen diesbezüglich auf § 7.5 AV und bitten um sofortige Zusendung
einer Fotokopie der Abnahmeniederschrift.

Mit freundlichen Grüßen

(Kaufmännische Geschäftsführung)

Musterbrief 2.2.2

Sachverhalt

Vier Wochen nach einer stattgefundenen Aufsichtsstellensitzung haben wir noch immer kein Protokoll über dieses Gespräch erhalten.

Aufgabe

Wir, H & S, schreiben an die technische Geschäftsführung und erbitten gemäß § 6.7 AV die Zusendung der Niederschrift, welche laut AV innerhalb 10 Kalendertagen zuzustellen ist.

Kaufmännische Geschäftsführung an technische Geschäftsführung

Aufsichtsstellensitzung vom 01. 08. 95

Sehr geehrte Damen und Herren,

für die vor 4 Wochen, am 01. 08. 95, stattgefundene Aufsichtsstellensitzung liegt uns noch immer kein Gesprächsprotokoll vor.

Laut § 6.7 AV sind Sie verpflichtet, innerhalb von 10 Kalendertagen nach der Besprechung eine Niederschrift anzufertigen und den Gesellschaftern zuzustellen.

Wir bitten um baldige Erledigung.

Mit freundlichen Grüßen

(Kaufmännische Geschäftsführung)

Musterbrief 2.2.3

Sachverhalt
Die technische Geschäftsführung beruft mit Schreiben vom 01. 08. 95 eine ARGE-Sitzung
zum 15. 09. 95 ein.

Aufgabe
Wir, H & S, weisen M & S in einem Schreiben darauf hin, daß laut § 6.5 AV eine Aufsichtsstellensitzung in der Regel innerhalb von 14 Kalendertagen stattzufinden hat. Im Interesse der zu besprechenden aktuellen Themen und Probleme bitten wir um eine Vorverlegung des Termins.

Kaufmännische Geschäftsführung an technische Geschäftsführung

Aufsichtsstellensitzung am 15. 09. 95

Sehr geehrte Damen und Herren,

mit Schreiben vom 01. 08. 95 haben Sie zum 15. 09. 95 eine
Aufsichtsstellensitzung einberufen.

Da eine beantragte ARGE-Sitzung laut § 6.5 AV in der Regel innerhalb von
14 Kalendertagen nach der Einladung stattfinden sollte, bitten wir im Hinblick
auf die wichtigen in der Tagesordnung festgelegten Themen um Vorverlegung der
Besprechung.

Mit freundlichen Grüßen

(Kaufmännische Geschäftsführung)

Musterbrief 2.2.4

Sachverhalt
Bei der ersten Aufsichtsstellensitzung wurde festgelegt, daß Partner M & S die Fachkraft für Arbeitssicherheit stellen wird.

Aufgabe
Nachdem 6 Wochen nach Beginn der Arbeiten noch immer nicht bekannt ist, wer für die Arbeitssicherheit zuständig ist, bitten wir, H & S, in einem Schreiben an M & S um die namentliche Benennung des Sicherheitsbeauftragten. Um baldige Mitteilung und um den Besuch auf der Baustelle wird gebeten.

Kaufmännische Geschäftsführung an technische Geschäftsführung

Fachkraft für Arbeitssicherheit

Sehr geehrte Damen und Herren,

bei der ersten Aufsichtsstellensitzung wurde festgelegt, daß die Fachkraft für Arbeitssicherheit von Ihrer Firma gestellt wird.

Da mittlerweile bereits 6 Wochen seit Baubeginn vergangen sind, bitten wir um namentliche Bekanntgabe des Sicherheitsbeauftragten sowie um dessen sofortigen Besuch auf der Baustelle.

Mit freundlichen Grüßen

(Kaufmännische Geschäftsführung)

Musterbrief 2.2.5

Sachverhalt

Der technischen Geschäftsführung stehen laut § 10.11 AV 1,2 % des Umsatzes als Vergütung für Sonderleistungen zu. Nun erhalten wir, H & S, irrtümlich eine an die Baustelle ausgestellte Belastung über 8 Stunden Oberbauleitertätigkeit für Baustellenbesuche.

Aufgabe

Wir, die kaufmännische Geschäftsführung, senden der Firma M & S diese Partnerbelastung zurück und verweisen darauf, daß derartige Kosten mit § 10.11 AV bereits abgedeckt und abgegolten sind.

Kaufmännische Geschäftsführung an technische Geschäftsführung

Ihre Partnerrechnung Nr. 48

Sehr geehrte Damen und Herren,

Ihre irrtümlich bei uns eingegangene Partnerrechnung Nr. 48 reichen wir Ihnen anliegend mit der Bitte um Stornierung zurück.

Die berechneten Kosten für die Baustellenbesuche Ihres Oberbauleiters sind nach unserer Auffassung mit der Vergütung für die technische Geschäftsführung laut § 10.11 AV abgegolten.

Mit freundlichen Grüßen

(Kaufmännische Geschäftsführung)

Musterbrief 2.2.6

Sachverhalt
Die technische Geschäftsführung beruft am 21. 08. 95 zum 23. 08. 95 eine Aufsichtsstellensitzung ein, ohne einen besonderen Grund für die Dringlichkeit der Sitzung in der Tagesordnung des Einladungsschreibens zu nennen.

Aufgabe
Wir, H & S, lehnen die Sitzung ab, u. a. auch deshalb, weil sie zu kurzfristig angesetzt und einberufen wurde. Wir verweisen auf § 6.42 AV, wo festgelegt ist, daß zwecks Vorbereitung mindestens 8 Kalendertage zwischen dem Einladungsschreiben und dem Sitzungstermin liegen sollten.

Kaufmännische Geschäftsführung an technische Geschäftsführung

Aufsichtsstellensitzung am 23. 08. 95

Sehr geehrte Damen und Herren,

wir bestätigen den Eingang Ihres Schreibens vom 21. 08. 95, in dem Sie für den 23. 08. 95 eine Aufsichtsstellensitzung einberufen.

Da aus der im Einladungsschreiben angeführten Tagesordnung kein besonderer Grund für die Dringlichkeit der Sitzung zu ersehen ist und laut § 6.42 AV mindestens 8 Kalendertage zwischen Einberufung und Sitzungstermin liegen sollten, lehnen wir die Zusammenkunft ab.

Zwecks intensiver Vorbereitung auf die zu behandelnden Themen bitten wir um Bekanntgabe eines etwas längerfristigen Termines und verbleiben

mit freundlichen Grüßen

(Kaufmännische Geschäftsführung)

Musterbrief 2.2.7

Sachverhalt

Wir, die kaufmännische Geschäftsführung, Lohnbüro, erhalten vom Arbeitsamt einen Brief, worin uns mitgeteilt wird, daß der jugoslawische Arbeitnehmer Boksic bereits seit 01. 08. 95 ohne gültige Arbeitserlaubnis bei der ARGE »Bürozentrum Fürther Straße« in Nürnberg beschäftigt ist, und worin außerdem eine Geldstrafe angedroht wird.
Soweit es von der lohnrechnenden Stelle in Zusammenarbeit mit dem Baukaufmann möglich war, wurde der Vorwurf überprüft und der Sachverhalt als zutreffend befunden.

Aufgabe

Wir, H & S, verweisen unter Bezugnahme auf das Schreiben des Arbeitsamtes vom 19. 09. 95 die technische Geschäftsführung auf § 8.54 AV, worin festgelegt ist, daß der jeweils abstellende Partner für die Beantragung von Arbeitserlaubnissen für sein ausländisches Personal zuständig ist und lehnen gleichzeitig die Verantwortung für eine mögliche Geldstrafe durch das Arbeitsamt ab.
Wir machen deutlich, daß wir uns auch nicht entsprechend unserem Beteiligungsverhältnis an einer möglichen Geldstrafe beteiligen werden, sollte das Arbeitsamt die ARGE mit einer Geldstrafe belegen.

Kaufmännische Geschäftsführung an technische Geschäftsführung

Überwachung von Arbeitserlaubnis

Sehr geehrte Damen und Herren,

am 19. 09. 95 erhielten wir vom Arbeitsamt die schriftliche Androhung eines Bußgeldes, da der von Ihrer Firma zur ARGE freigestellte Arbeitnehmer Boksic bereits seit 01. 08. 95 ohne gültige Arbeitserlaubnis auf der ARGE-Baustelle beschäftigt sein soll.

Da laut § 8.54 AV die Beantragung von Arbeitserlaubnissen für Ausländer, deren Fristenüberwachung und Verlängerung dem abstellenden Gesellschafter obliegt, lehnen wir die Verantwortung und Beteiligung an einer eventuell zu entrichtenden Geldbuße ab. Dies gilt für den Fall, daß die ARGE mit einem Bußgeld belegt werden sollte.

Wir haben das Arbeitsamt bereits über die Handhabung der Lohnabrechnung für die ARGE informiert und um direkte Kontaktaufnahme mit Ihrer Firma gebeten. Eine Fotokopie dieses Schreibens legen wir zu Ihrer Information bei und verbleiben

mit freundlichen Grüßen

(Kaufmännische Geschäftsführung)

2.3 Laufender Briefverkehr zwischen den Partnerfirmen. Anfragen und Rückantworten und dergleichen

Musterbrief 2.3.1

Sachverhalt

Partnerfirma H & S vereinbart mit der Firma M & S, daß am 25. 08. 95 um 10.00 Uhr im Hause der technischen Geschäftsführung eine ARGE-Sitzung stattfinden soll. Die Vereinbarung erfolgt telefonisch.

Aufgabe

Wir, Firma M & S, bestätigen das Telefonat und schreiben eine offizielle Einladung für diese von H & S gewünschte ARGE-Sitzung an alle Partner.

Technische Geschäftsführung an Partnerfirmen

ARGE-Sitzung am 25. 08. 95, 10.00 Uhr

Sehr geehrte Damen und Herren,

nach der heute mit der kaufmännischen Geschäftsführung telefonisch getroffenen Vereinbarung dürfen wir Sie zur 3. Aufsichtsstellensitzung am 25. 08. 95, 10.00 Uhr, in unserem Hause sehr herzlich einladen.

Wir bitten um Vormerkung dieses Termins und verbleiben

mit freundlichen Grüßen

(Technische Geschäftsführung)

Musterbrief 2.3.2

Aufgabe zu Sachverhalt Fall 2.3.1
Nach Eingang des Schreibens bei Partner Schmittke teilt dieser den anderen Partnern mit, daß er die Teilnahme an der für den 25. 08. 95 vereinbarten Sitzung verweigert. Als Begründung gibt Firma Schmittke an, daß auf dem Einladungsschreiben der technischen Geschäftsführung die zu behandelnden Tagesordnungspunkte nicht vermerkt wurden und man deshalb nicht weiß, auf welche Themen man sich vorbereiten muß.

Partnerfirma an technische und kaufmännische Geschäftsführung

Aufsichtsstellensitzung am 25. 08. 95

Sehr geehrte Damen und Herren,

wir bestätigen den Erhalt Ihres Einladungsschreibens zu der für den 25. 08. 95 geplanten 3. Aufsichtsstellensitzung.

Da in Ihrem Einladungsschreiben keine Tagesordnung angegeben wurde und wir uns deshalb auf die zu behandelnden Themen nicht vorbereiten können, lehnen wir eine Teilnahme an dieser Sitzung ab.

Wir bitten um Bekanntgabe eines neuen Termins und verbleiben

mit freundlichen Grüßen

(Partnerfirma)

Musterbrief 2.3.3

Sachverhalt

Trotz mehrfacher schriftlicher Aufforderung durch die ARGE-Bauleitung verweigert Partner Schmittke die Beistellung von Geräten und Personal entsprechend seinem Beteiligungsverhältnis und den getroffenen Vereinbarungen gemäß § 14.21 AV.

Aufgabe

Aufgrund einer Bitte der ARGE-Bauleitung schreiben wir, M & S, anhand der vorliegenden Durchschläge des bisher geführten Schriftwechsels an Partner Schmittke einen Brief und verweisen auf seine Beistellungspflicht für Geräte laut § 14.21 AV, für Personal laut § 12.1 AV und aufgrund § 4.1 AV.

Technische Geschäftsführung an Partnerfirma

Beistellung von Personal und Geräten

Sehr geehrte Damen und Herren,

aus dem bisher geführten Schriftwechsel und den uns hiervon vorliegenden Durchschlägen können wir ersehen, daß Sie derzeit Ihren Verpflichtungen zur Beistellung von Geräten und Personal nicht nachkommen.

Wir dürfen Sie in diesem Zusammenhang auf § 12.1 AV und § 14.21 AV sowie § 4.1 AV hinweisen, wo die grundsätzliche Beistellungspflicht jedes Gesellschafters entsprechend seinem Beteiligungsverhältnis festgehalten ist.

Wir bitten Sie, Ihren Verpflichtungen gemäß ARGE-Vertrag nachzukommen.

Mit freundlichen Grüßen

(Technische Geschäftsführung)

Musterbrief 2.3.4

Aufgabe zu Sachverhalt Fall 2.3.3
Wir, Schmittke, antworten, daß wir momentan aus terminlichen Gründen bei anderen Bauvorhaben weder Geräte noch Personal an die ARGE abgeben können und bitten um Beistellung durch die Partner M & S und H & S.

Partnerfirma an technische Geschäftsführung

Personal- und Gerätebeistellung

Sehr geehrte Damen und Herren,

bezugnehmend auf Ihre Mitteilung betreffend Personal- und Gerätebeistellung müssen wir Ihnen leider mitteilen, daß es uns derzeit wegen sehr wichtiger Termine und Verpflichtungen bei anderen Bauvorhaben nicht möglich ist, Personal oder Geräte an die ARGE abzugeben.

Wir bitten um Ihr Verständnis und um Beistellung durch Ihre Firma bzw. die kaufmännische Geschäftsführung.

Mit freundlichen Grüßen

(Partnerfirma)

Musterbrief 2.3.5

Aufgabe zu Sachverhalt Fall 2.3.3/2.3.4

Wir , M & S, schreiben daraufhin an Schmittke, daß die ARGE nach telefonischer Rücksprache mit der kaufmännischen Geschäftsführung darauf besteht, daß er, Schmittke, seinen Beitrag zur erfolgreichen Beendigung der ARGE entsprechend seinem Beteiligungsverhältnis erbringt.

Wir weisen Schmittke außerdem darauf hin, daß bei Nichteinhaltung laut § 4.2 AV bzw. § 4.23 AV und § 4.24 AV die der ARGE geschuldete Leistung auch in Geldmitteln abgerechnet und gefordert werden kann.

Technische Geschäftsführung an Partnerfirma

Beistellungspflicht

Sehr geehrte Damen und Herren,

wir bestätigen den Eingang Ihres Schreibens, teilen Ihnen jedoch mit, daß die ARGE nach einer telefonischen Unterredung zwischen unserer Firma und der kaufmännischen Geschäftsführung darauf besteht, daß Sie Ihren Verpflichtungen entsprechend der im ARGE-Vertrag getroffenen Vereinbarungen nachkommen. Unter Hinweis auf §§ 4.2, 4.23 und 4.24 AV, in denen die Möglichkeit von Ausgleichszahlungen für die von Ihnen geschuldeten Beträge und Leistungen vereinbart wurde, bitten wir nochmals ausdrücklich, Ihren Anteil zum erfolgreichen Abschneiden unserer Gemeinschaftsbaustelle zu erbringen.

Mit freundlichen Grüßen

(Technische Geschäftsführung)

Musterbrief

Aufgabe zu Sachverhalt 2.3.3
Nach Eingang der Durchschläge aus dem gesamten vorgenannten Schriftwechsel schreiben wir, die kaufmännische Geschäftsführung, an die Partner einen Brief, worin wir aufgrund der Höhe der geschuldeten Gesamtleistung des Partners Schmittke vorschlagen, dessen Beteiligungsverhältnis von bisher 20 % auf 10 % zu reduzieren und verweisen auf die Möglichkeit laut § 4.3 AV.

Kaufmännische Geschäftsführung an technische Geschäftsführung und Partnerfirma

Beistellungsverpflichtungen Partner Schmittke

Sehr geehrte Damen und Herren,

nach Kenntnisnahme des bisher mit Partner Schmittke geführten Schriftverkehrs schlagen wir vor, das Beteiligungsverhältnis der Firma Schmittke von 20 % auf 10 % zu reduzieren.

Zur Sicherstellung der ordnungs- und zeitgemäßen Bauabwicklung erscheint ein geändertes Beteiligungsverhältnis zwischen der Firma Schmittke und den übrigen Partnerfirmen angeraten, da Schmittke offensichtlich seinen Verpflichtungen nicht nachkommen kann.

Wir verweisen auf § 4.3 AV und bitten um Überprüfung dieses Vorschlages.

Mit freundlichen Grüßen

(Kaufmännische Geschäftsführung)

Musterbrief 2.3.7

Aufgabe zu Sachverhalt 2.3.3/2.3.6
Wir, Firma Schmittke, schreiben aufgrund des Briefes der kaufmännischen Geschäftsführung sofort an beide Partner, daß wir ab der kommenden Woche unseren Beistellungsverpflichtungen voll nachkommen werden und betrachten die Angelegenheit damit als erledigt.

Partnerfirma an technische und kaufmännische Geschäftsführung

Personal- und Gerätebeistellung

Sehr geehrte Damen und Herren,

um das leidige Thema der Personal- und Gerätebeistellung durch unsere Firma zu beenden, werden wir zu Beginn der kommenden Woche unseren Beistellungsverpflichtungen in vollem Umfang nachkommen.

Wir betrachten diese Angelegenheit damit als erledigt und verbleiben

mit freundlichen Grüßen

(Partnerfirma)

Musterbrief 2.3.8

Aufgabe zu Sachverhalt 2.3.3/2.3.7
Nach Eingang des Schreibens der Firma Schmittke wünschen wir, Firma H & S, zumindest für den bisher säumig gebliebenen Zeitraum eine angemessene Ausgleichszahlung, evtl. auch abweichend von den in § 4.23 AV und § 4.24 AV getroffenen Vereinbarungen. Wir, Firma H & S, regen aus vorgenannten Gründen deshalb sofort für die kommende Woche am 16. 08. 95 eine Aufsichtsstellensitzung an. Wir vermerken in diesem Schreiben, daß dieser Vorschlag als angenommen gilt, sollte bis zum 11. 08. 95 keine andere gegenteilige Nachricht mehr eingehen. Wir schlagen außerdem vor, daß die ARGE-Sitzung im Hause der kaufmännischen Geschäftsführung stattfinden soll.

Kaufmännische Geschäftsführung an technische Geschäftsführung und Partnerfirmen

Aufsichtsstellensitzung am 16. 08. 1995
hier: Beistellungsverpflichtungen Partner Schmittke

Sehr geehrte Damen und Herren,

wir begrüßen die Einsicht und Zusage des Partners Schmittke, ab kommenden Montag seinen im ARGE-Vertrag festgelegten Verpflichtungen nachzukommen.

Da wir mit der künftig ordnungsgemäßen Beistellung der noch fehlenden Geräte durch Partner Schmittke die Angelegenheit nicht als erledigt betrachten können, schlagen wir für den 16. 08. 95 eine ARGE-Sitzung in unserem Hause vor. Wir halten diese Zusammenkunft für erforderlich, da wir der Meinung sind, daß Partner Schmittke für den durch ihn entstandenen Schaden eine Ausgleichszahlung an die ARGE zu leisten hat, unter Umständen auch abweichend von den in §§ 4.23, 4.24 AV getroffenen Vereinbarungen.

Sollten wir bis 11. 08. 95 keine gegenteilige Nachricht von Ihnen erhalten, betrachten wir dies als Zusage zu dem vorgeschlagenen Besprechungstermin.

Mit freundlichen Grüßen

(Kaufmännische Geschäftsführung)

3 Allgemeiner kaufmännischer Schriftverkehr

3.1 Briefe an Subunternehmer

Musterbrief 3.1.1

Sachverhalt

Wir entleihen an den Subunternehmer, Firma Ortmeier, stundenweise einen Winkelschleifer. Infolge nachweislich unsachgemäßer Bedienung durch deren Arbeiter Jakob Schmalz wird das Gerät beschädigt.

Aufgabe

Wir teilen der Firma Ortmeier obigen Sachverhalt schriftlich mit und weisen darauf hin, daß die Reparaturkosten bzw. der Schadenersatz von ihr zu erstatten sind.

Sachbeschädigung

Sehr geehrte Damen und Herren,

am 18. 08. 95 haben wir auf unserer Baustelle einen Winkelschleifer an Ihren Arbeitnehmer Jakob Schmalz entliehen, welcher das Gerät nachweislich durch unsachgemäße Bedienung beschädigte.

Wir bitten um Kenntnisnahme, daß sämtliche anfallenden Reparaturkosten bzw. Schadenersatzkosten zu Ihren Lasten gehen.

Mit freundlichen Grüßen

Musterbrief 3.1.2

Sachverhalt
Von der Schlußrechnung des Subunternehmers Müllerhuber haben wir außer dem Gewährleistungsrückhalt zusätzlich noch 1.000,– DM einbehalten. Dieser zusätzliche Einbehalt kann nun, nach Klärung der Sachlage, an Müllerhuber ausbezahlt werden. Unsere Buchhaltung wird diesbezüglich benachrichtigt und mit der Auszahlung und Überweisung des Betrages beauftragt.

Aufgabe
Vorgenannten Sachverhalt teilen wir der Firma Müllerhuber mit.

Zusätzlicher Einbehalt

Sehr geehrte Damen und Herren,

die von Ihrer Schlußrechnung zusätzlich zum vertraglich vereinbarten Gewährleistungsrückhalt einbehaltenen 1.000,– DM können nunmehr, nach Behebung der beanstandeten Mängel, ausbezahlt werden.

Unsere Buchhaltung wurde zur Auszahlung vorgenannten Betrages angewiesen.

Mit freundlichen Grüßen

Musterbrief 3.1.3

Sachverhalt
Subunternehmer Firma Fuchs hat uns seine Schlußrechnung Nr. 1853/95 vom 03. 07. 95 über 118.793,45 DM zur Prüfung zugesandt. Aufgrund der vorliegenden anerkannten Aufmaße stellen wir diese Rechnung auf 109.437,48 DM richtig.

Aufgabe
Mit einem kurzen Anschreiben übersenden wir Firma Fuchs ein korrigiertes Rücklaufexemplar ihrer oben genannten Schlußrechnung und weisen auf die Änderung hin.

Ihre Schlußrechnung Nr. 1853/95 vom 03. 07. 95

Sehr geehrte Damen und Herren,

anliegend übersenden wir Ihnen ein korrigiertes Rücklaufexemplar Ihrer im Betreff genannten Schlußrechnung.

Aufgrund der vorliegenden, anerkannten Aufmaße haben wir Ihre Rechnung auf einen Betrag von 109.437,48 DM richtiggestellt.

Wir bitten um gleichlautende Buchung.

Mit freundlichen Grüßen

Anlage

Musterbrief 3.1.4

Sachverhalt
In Beantwortung einer Anfrage unserer Firma übermittelt uns Subunternehmer Fischbacher seine derzeit gültigen Regiestundensätze für Personal und Geräte, die uns jedoch stark überzogen erscheinen.

Aufgabe
Wir teilen Fischbacher dies mit und bitten um nochmalige Überprüfung und Reduzierung seiner Verrechnungssätze. Dabei verweisen wir auf die bisherige gute Zusammenarbeit und auf mögliche, künftig zu vergebende Aufträge sowie auf den erheblichen Gesamtumfang der Regieleistungen.

Regiesätze

Sehr geehrte Damen und Herren,

Ihre Regiestundensätze für Personal und Geräte haben wir heute erhalten, erachten diese jedoch als erheblich überzogen.

In Anbetracht des Gesamtumfanges der auszuführenden Regieleistungen, der bisherigen reibungslosen Zusammenarbeit und der u. U. noch anstehenden Aufträge bitten wir um nochmalige Überprüfung der uns vorgelegten Sätze. Nach unseren Vorstellungen wäre eine Minderung von ca. 15 % durchaus machbar.

Für Ihr Entgegenkommen und eine baldige Nachricht danken wir.

Mit freundlichen Grüßen

Musterbrief 3.1.5

Aufgabe zu Sachverhalt Fall 3.1.4
Die Firma Fischbacher teilt uns auf unser Schreiben hin mit, daß sie die bisher angebotenen Stundensätze nochmals pauschal um 12,5 % reduziert.

Aufgabe
Wir teilen Fischbacher mit, daß wir mit den Regiestundensätzen laut Schreiben vom 15. 06. 95, abzüglich jeweils 12,5 % laut Schreiben vom 03. 07. 95, einverstanden sind.

Regiesätze

Sehr geehrte Damen und Herren,

wir bestätigen den Erhalt Ihres Schreibens vom 03. 07. 1995, worin Sie uns eine pauschale Minderung Ihrer mit Schreiben vom 15. 06. 95 angebotenen Regiestundensätze um 12,5 % einräumen.

Wir danken für Ihr Entgegenkommen und akzeptieren Ihr Angebot.

Wir hoffen auf eine weiterhin gute Zusammenarbeit und verbleiben

mit freundlichen Grüßen

Musterbrief 3.1.6

Sachverhalt

Subunternehmer Schneeberger ist bei unserer Baustelle für die Montage des Brückengeländers verantwortlich. Trotz unserer bisherigen schriftlichen Aufforderungen zur Endmontage des Geländers vom 25. 07. 95 und 01. 08. 95 erfolgte bisher keine Reaktion von
Schneeberger.

Aufgabe

In einem Schreiben weisen wir am 11. 08. 95 Schneeberger nochmals auf vorgenannten
Sachverhalt hin und fordern ihn letztmalig zur Endmontage des Geländers bis spätestens
18. 08. 95 auf. Wir machen außerdem darauf aufmerksam, daß infolge Baustellenräumung
vorgenannter Termin unbedingt eingehalten werden muß, da anschließend kein Aufsichtspersonal mehr auf der Baustelle sein wird.
Bei Nichteinhaltung des Termins drohen wir mit Entzug des Auftrages und mit der Berechnung aller eventuell daraus resultierenden Kosten.

Geländermontage

Sehr geehrte Damen und Herren,

mit Schreiben vom 25. 07. 95 bzw. 01. 08. 95 wurden Sie gebeten, die Endmontage
des Brückengeländers durchzuführen. Beide Aufforderungen wurden Ihrerseits
jedoch ignoriert.

Da ab 19. 08. 95 weder Aufsichtspersonal noch Hilfskräfte mehr auf der Baustelle
sein werden, fordern wir Sie hiermit letztmalig auf, die noch erforderlichen
Arbeiten bis spätestens 18. 08. 95 zu erbringen.

Sollten Sie Ihren vertraglich vereinbarten Verpflichtungen nicht nachkommen,
sehen wir uns dazu veranlaßt, Ihnen den Auftrag zu entziehen, das Geländer von
einer anderen Firma montieren zu lassen und Sie mit allen daraus resultierenden
Mehrkosten zu belasten.

Wir gehen jedoch davon aus, von dieser Möglichkeit keinen Gebrauch machen zu
müssen.

Mit freundlichen Grüßen

Musterbrief 3.1.7

Sachverhalt
An der von Subunternehmer Reiter ausgeführten Isolierung des Bauwerks werden nach
Abschluß seiner Arbeiten erhebliche Mängel festgestellt.
Aus diesem Grund behalten wir von der uns zugesandten Schlußrechnung zusätzlich zum
vertraglich vereinbarten Gewährleistungsrückhalt nochmals 5.000,– DM ein.

Aufgabe
Vorgenannten Sachverhalt teilen wir Reiter bei der Rücksendung eines korrigierten Ex-
emplares seiner Schlußrechnung schriftlich mit.

Ihre Schlußrechnung Nr. 14 vom 14. 08. 95
hier: Mängel an der Isolierung

Sehr geehrte Damen und Herren,

anliegend erhalten Sie ein korrigiertes Exemplar Ihrer im Betreff genannten
Schlußrechnung.

Wie Sie hieraus ersehen können, haben wir zusätzlich zu dem vertraglich
festgelegten Gewährleistungsrückhalt nochmals 5.000,– DM von der zu zahlenden
Restsumme einbehalten.

Leider ist dies erforderlich, da nach Abschluß der von Ihnen ausgeführten
Isolierungsarbeiten nicht unerhebliche Mängel aufgetreten sind, die u. a. durch
den Bauherrn festgestellt wurden.

Wir bitten um Ihre schriftliche Stellungnahme hierzu und um sofortige Behebung
der Mängel.

Mit freundlichen Grüßen

Anlage

Musterbrief 3.1.8

Sachverhalt
Subunternehmer Ofenreiter schickt unserer Firma eine nicht überprüfbare Abschlagsrechnung zu.

Aufgabe
Wir fordern prüffähige, von der Baustelle anerkannte Unterlagen zur Überprüfung vorgenannter Abschlagsrechnung.

Ihre Abschlagsrechnung Nr. 3 vom 31. 08. 95

Sehr geehrte Damen und Herren,

Ihre im Betreff genannte Abschlagsrechnung haben wir erhalten, müssen Ihnen
jedoch mitteilen, daß diese ohne von der Baustelle anerkannte Aufmaße nicht
prüfbar ist.

Wir bitten auch in Ihrem Interesse um baldige Zusendung der noch fehlenden
Unterlagen.

Mit freundlichen Grüßen

Musterbrief 3.1.9

Sachverhalt

Gemäß § 3.1 des mit Subunternehmer Schmalz abgeschlossenen Vertrages hat dieser eine Ausführungsbürgschaft über 20.000,– DM zu stellen.

Aufgabe

Unter Hinweis auf § 3.1 des Sub-Vertrages fordern wir die sofortige Zusendung der zu stellenden Bürgschaft.

Ausführungsbürgschaft

Sehr geehrte Damen und Herren,

wir verweisen auf § 3.1 des am 17. 08. 95 mit Ihnen abgeschlossenen Nachunternehmervertrages und bitten um Zusendung der vertraglich vereinbarten Ausführungsbürgschaft in Höhe von 20.000,– DM.

Für eine umgehende Erledigung danken wir.

Mit freundlichen Grüßen

3.2 Briefe an diverse Lieferantenfirmen und dergleichen

Musterbrief 3.2.1

Sachverhalt
Bei der Seilfirma Wuttke haben wir vor 14 Tagen ein neues Baggerseil gekauft und in das Gerät eingezogen. Beim Umsetzen einer Tischkreissäge reißt nun das Seil, die Tischkreissäge fällt auf den Boden und geht dabei zu Bruch.
Nach fachlicher und sachlicher Überprüfung stellt sich zweifelsfrei ein Materialfehler als Schadensursache heraus.

Aufgabe
Firma Wuttke wird hiervon verständigt und für sämtliche Kosten verantwortlich und haftbar gemacht. Außerdem bitten wir, unverzüglich einen verantwortlichen Mann auf die Baustelle zu entsenden, der den Schaden begutachtet.

Schaden vom 14. 08. 1995
hier: Materialfehler

Sehr geehrte Damen und Herren,

mit Lieferung vom 31. 07. 95 haben wir ein Baggerseil von Ihrer Firma erhalten. Beim Umsetzen einer Tischkreissäge ist dieses von Ihnen gelieferte Seil gerissen, wobei das angehängte Gerät vollkommen zu Bruch ging. Ein von unserer Seite hinzugezogener Sachkundiger hat als Schadensursache zweifelsfrei einen Materialfehler festgestellt.

Wir machen Sie deshalb für alle mit dem Vorfall verbundenen Kosten regreßpflichtig und bitten Sie, den entstandenen Schaden, eventuell mit einem Vertreter Ihrer Versicherung, auf unserer Baustelle zu begutachten.

Zur Vermeidung weiterer Stillstandszeiten bitten wir um sofortige Erledigung.

Mit freundlichen Grüßen

Musterbrief 3.2.2

Sachverhalt
Durch eine Fachzeitschrift erfahren wir, daß die Firma Schulze ein neues Schalungssystem für Kanalbaustellen auf den Markt bringen wird, was uns sehr interessiert.

Aufgabe
Wir schreiben die Firma Schulze an, teilen unser Interesse mit und bitten um Bekanntgabe eines Vorführtermins.

Schalungssystem »Schalflott«

Sehr geehrte Damen und Herren,

mit großem Interesse haben wir in der Kanalbau-Fachzeitschrift »Schnelles Rohr« einen Artikel gelesen, in dem Sie Ihr neues Schalungssystem »Schalflott« vorstellen und anbieten.

Da unsere Firma in der nächsten Zeit diverse Kanalbaustellen ausführt, würden wir sehr gerne das von Ihnen entwickelte System kennenlernen. Wir bitten deshalb um nähere Informationen durch Ihren Außendienstmitarbeiter bzw. um Zusendung von Prospektmaterial.

Sollten in den nächsten Tagen Vorführungen in Ihrem Haus stattfinden, wären wir gerne bereit, daran teilzunehmen, und bitten deshalb um Bekanntgabe der nächsten Besichtigungs- und Informationsmöglichkeiten.

Für eine baldige Nachricht danken wir.

Mit freundlichen Grüßen

Musterbrief 3.2.3

Sachverhalt
Wir benötigen dringend einen neuen schweren Geldschrank für unser Büro.

Aufgabe
Wir fordern bei dem Büroausstatter Firma Köfmüller schriftlich Prospektmaterial über Tresore und Geldschränke an und erbitten außerdem eine fachkundige Beratung durch einen Außendienstmann.

Prospektmaterial über Tresore

Sehr geehrte Damen und Herren,

für unsere Büroräume benötigen wir einen neuen diebstahl- und feuersicheren Tresor.

Zur Information bitten wir um unverbindliche Zusendung von Prospektmaterial mit Preisangaben bzw. um eine fachkundige Beratung durch einen Ihrer Außendienstmitarbeiter.

Für eine rasche Bearbeitung danken wir sehr herzlich und verbleiben

mit freundlichen Grüßen

Musterbrief 3.2.4

Sachverhalt
Mit unserem Holzhändler Baum wird nachträglich für die letzte Lieferung ein zusätzlicher Preisnachlaß von 20,– DM/m³ ausgehandelt.

Aufgabe
Da die Rechnung für vorgenannte Lieferung bereits bezahlt ist, bitten wir um Erteilung einer Gutschrift für 10 m³ Dielen à 20,– DM, wie am 01. 08. 95 zwischen Herrn Lang und Herrn Wohlfahrt telefonisch vereinbart wurde.

Ihre Rechnung vom 17. 07. 95
hier: Preisnachlaß

Sehr geehrte Damen und Herren,

auf Ihre im Betreff genannte Rechnung wurde uns nachträglich ein Nachlaß von 20,– DM/m³ gewährt.

Da wir Ihre Rechnung bereits zur Zahlung angewiesen haben, erbitten wir entsprechend telefonischer Vereinbarung vom 01. 08. 95 zwischen Ihrem Herrn Wohlfahrt und unserem Herrn Lang eine Gutschrift für 10 m³ Dielen à 20,– DM.

Für Ihr Entgegenkommen danken wir.

Mit freundlichen Grüßen

Musterbrief 3.2.5

Sachverhalt
Unsere Baustelle »Brücke Schnaittach« muß im Zeitraum vom 14. 07. bis 15. 09. 95 von 19.00 bis 7.00 Uhr bewacht werden.

Aufgabe
Wir beauftragen das Sicherungsunternehmen Tal & Co. mit der Bewachung unserer Baustelle in Schnaittach. Berechnungsgrundlage ist nach telefonischer Rücksprache mit Herrn Tal die uns vorliegende Preisliste 1/95, gültig bis 30. 09. 95.

Baustellenüberwachung

Sehr geehrte Damen und Herren,

wie telefonisch mit Ihrem Herrn Tal vereinbart, erteilen wir Ihnen den Auftrag zur Bewachung unserer Baustelle Brücke Schnaittach.

Der Auftrag erstreckt sich auf den Zeitraum vom 14. 07.–15. 09. 95, täglich von 19.00–07.00 Uhr.

Berechnungsgrundlage ist die uns vorliegende und bis 30. 09. 95 gültige Preisliste I/95 Ihres Unternehmens.

Wir hoffen auf eine gute, unproblematische Zusammenarbeit und verbleiben

mit freundlichen Grüßen

Musterbrief 3.2.6

Sachverhalt

Ein Geselle der Elektrofirma Ullrich verursacht auf unserer Tunnelbaustelle bei Elektroarbeiten einen Kurzschluß, der die Stromversorgung und damit die gesamte Baustelle für den Rest des Tages lahmlegt. Nach Aussage unseres nach dem Schadenseintritt hinzugezogenen Betriebselektrikers ist der Geselle der Firma Ullrich für den verursachten Schaden voll verantwortlich.

Aufgabe

Wir teilen der Firma Ullrich vorgenannten Sachverhalt schriftlich mit und machen sie darauf aufmerksam, daß sie für den durch ihren Monteur verursachten Schaden zu haften habe. Dies gilt auch für den daraus zwangsläufig entstandenen Personal- und Maschinenstillstand in der Zeit von 14.30 bis 18.00 Uhr.

Schaden durch Stromausfall

Sehr geehrte Damen und Herren,

bei durch Ihre Firma ausgeführten Elektroarbeiten wurde am 15. 08. 95 durch Ihren Gesellen May ein Kurzschluß auf unserer Baustelle verursacht. Wir hatten deshalb in der Zeit von 14.30–18.00 Uhr eine Unterbrechung der Stromversorgung und deshalb einen nicht unerheblichen Personal- und Maschinenstillstand.

Da der Schaden nach Auskunft unseres Betriebselektrikers auf einen Schaltfehler zurückzuführen ist, gehen alle durch den Stromausfall entstandenen Kosten zu Ihren Lasten. Eine vorläufige Schätzung des Schadens ergab eine Summe von ca. 8000,– bis 10.000,– DM. Hierbei wurden eventuelle Belastungen des Bauherrn wegen Terminüberschreitung nicht einbezogen.

Wir bitten um Verständigung Ihrer Versicherung und um baldige Regulierung des Schadens.

Mit freundlichen Grüßen

Musterbrief 3.2.7

Sachverhalt
Die Firma Seliger stellt auf unserem Lagerplatz eine Fertigteilhalle auf.
Die Lieferung und Montage soll in zwei Bauabschnitten erfolgen, ebenso die Berechnung.
Wir erhalten jedoch bereits nach Abschluß und Fertigstellung des ersten Bauabschnittes
die Schlußrechnung für beide Abschnitte mit der Bitte um Bezahlung.

Aufgabe
Unter Hinweis auf die Zahlungsvereinbarungen im Vertrag geben wir die Schlußrechnung
an Seliger zurück, mit der Bitte um Neuausstellung und Verrechnung der Leistungen für
den ersten Bauabschnitt.

Ihre Schlußrechnung Nr. 4/18/183

Sehr geehrte Damen und Herren,

aufgrund der vereinbarten Zahlungsbedingungen senden wir anliegend Ihre
Schlußrechnung zu unserer Entlastung zurück.

Laut Vertrag erfolgen Lieferung, Montage und auch die Verrechnung der zu
erstellenden Halle in zwei Abschnitten.

Wir bitten daher um Zusendung einer 1. Abschlagsrechnung für den bisher
fertiggestellten Bauabschnitt.

Mit freundlichen Grüßen

Anlage

Musterbrief 3.2.8

Sachverhalt

Lieferant Kohler schickt uns für seine Rechnung Nr. 17 vom 01. 08. 95 am 23. 08. 95 eine Mahnung mit Mahngebühren. Vorgenannte Rechnung wurde von uns am 28. 08. 95 bezahlt, weshalb wir auch die Zahlung der Mahngebühren ablehnen.

Aufgabe

Dies teilen wir Kohler in einem kurzen Brief mit und verweisen außerdem darauf, daß die Rechnung Nr. 17 zwar vom 01. 08. 95 datiert, aber erst am 14. 08. 95 bei unserer Firma eingegangen ist.

Bei Überprüfung vorgenannter Angelegenheit konnten wir auch feststellen, daß bei allen vorangegangenen Rechnungen zwischen Ausstellungs- und Eingangsdatum ein »Postweg« von jeweils 14 Tagen lag.

Wir bitten deshalb um eine Überprüfung im eigenen Hause.

Ihre Rechnung Nr. 17 vom 01. 08. 95
hier: Ihre Mahnung vom 23. 08. 95

Sehr geehrte Damen und Herren,

mit Ihrer o. g. Mahnung beanstanden Sie die Begleichung Ihrer Rechnung vom 01. 08. 95 und belasten uns mit Mahngebühren.

Die von Ihnen angemahnte Rechnung wurde am 28. 08. 95 bezahlt, weshalb wir die berechneten Mahngebühren ablehnen.

In diesem Zusammenhang weisen wir darauf hin, daß Ihre Rechnung zwar am 01. 08. ausgestellt wurde, aber erst am 14. 08. 95 bei uns einging. Auch bei allen vorangegangenen Rechnungen liegt zwischen Ausstellungsdatum und Eingang bei unserer Firma ein Postweg von jeweils ca. 14 Tagen.

Wir bitten um Überprüfung in Ihrem Hause.

Mit freundlichen Grüßen

Musterbrief 3.2.9

Sachverhalt

Lieferant Füll repariert eine defekte Tauchkörperpumpe unserer Firma und schickt uns
hierfür eine Rechnung, welche lediglich eine Pauschalsumme von 1.000,– DM aufweist.
Die Rechnungssumme erscheint uns zu hoch und ist infolge der Pauschalierung nicht
prüfbar.

Aufgabe

Wir teilen Füll diesen Sachverhalt schriftlich mit und bitten um Zusendung eines detaillierten Reparaturberichtes, aufgeteilt nach Reparatur- und Ersatzteilkosten, sowie um Angabe der Fahrzeit bei Abholung und Zustellung des Gerätes.

Ihre Rechnung Nr. 2346 vom 17. 08. 95
hier: Reparatur einer Tauchkörperpumpe

Sehr geehrte Damen und Herren,

Ihre im Betreff genannte, pauschal auf 1.000,– DM ausgestellte Rechnung
erscheint uns überzogen und ist aufgrund der Pauschalverrechnung nicht prüfbar.

Wir bitten um Zusendung eines detaillierten Reparaturberichtes, woraus sowohl
Zeiten wie auch Ersatzteilkosten ersichtlich sind, sowie angefallene Fahrzeiten
für Abholung und Zustellung des Gerätes. Des weiteren bitten wir um nochmalige
Überprüfung des Rechnungsbetrages.

Für eine baldige Erledigung danken wir.

Mit freundlichen Grüßen

Sachverhalt

Die Autokranverleihfirma »Autokran« berechnet uns für einen Kraneinsatz einen Stundensatz von 135,– DM zuzüglich der Zeit für An- und Abfahrt zur Einsatzstelle, was nicht den telefonischen Vereinbarungen entspricht.

Aufgabe

Wir teilen dies der Firma »Autokran« mit und verweisen darauf, daß mit Herrn Wolf ein Stundensatz von 120,– DM sowie eine kostenlose An- und Abfahrt vereinbart wurde. Wir bitten um Zusendung einer Gutschrift für den zuviel berechneten Betrag.

Ihre Rechnung Nr. 14 vom 09. 08. 95
hier: Autokraneinsatz vom 03. 08. 95

Sehr geehrte Damen und Herren,

mit Ihrer im Betreff genannten Rechnung belasten Sie uns für den Einsatz Ihres Autokrans am 03. 08. 95 mit einem Satz von 135,– DM/Std. zuzüglich der Kosten für An- und Abfahrt zur Einsatzstelle.

Laut telefonischem Übereinkommen mit Ihrem Herrn Wolf wurde ein Stundensatz von 120,– DM bei kostenloser An- und Abfahrt vereinbart.

Da die uns zugesandte Rechnung bereits beglichen wurde, bitten wir um Zusendung einer Gutschrift über den Differenzbetrag.

Wir danken für Ihre Bemühungen und eine baldige Erledigung.

Mit freundlichen Grüßen

Musterbrief 3.2.11

Sachverhalt
Die Firma Schwepper rodet unmittelbar neben unserer Baustelle ein Waldstück, wobei ein größerer Baum auf unsere Baustelle fällt und eine zum Betonieren fertige, bereits mit Bewehrungseisen versehene Schalung zertrümmert. Ein sehr wichtiger Betoniertermin fällt somit aus.

Aufgabe
Wir schreiben Schwepper diesen Sachverhalt und machen ihn darauf aufmerksam, daß sämtliche Kosten inklusive eventueller Forderungen des Bauherrn wegen Terminüberschreitung zu seinen Lasten gehen werden. Zwecks Begutachtung des Schadens sollte sofort ein verantwortlicher Mann der Firma Schwepper, evtl. auch ein Sachverständiger von dessen Versicherung, auf die Baustelle kommen.

Schadensfall vom 23. 08. 95

Sehr geehrte Damen und Herren,

am 23. 08. 95 ist bei von Ihrer Firma durchgeführten Rodungsarbeiten ein größerer Baum in das Gelände unserer Baustelle und eine zum Betonieren fertige Schalung gestürzt und hat diese komplett zerstört. Der durch diesen Schadensfall ausgefallene Betoniertermin bringt uns in erhebliche zeitliche Schwierigkeiten.

Da die Schuldfrage eindeutig ist, machen wir Sie für alle mit dem Schaden verbundenen Kosten, einschließlich eventueller Forderungen des Bauherrn wegen Terminüberschreitung, verantwortlich.

Zur Schadensfeststellung bitten wir, eine verantwortliche Person Ihrer Firma, eventuell auch einen Sachverständigen Ihres Haftpflichtversicherers, zur Baustelle zu entsenden.

Für eine sofortige Bearbeitung dieser Angelegenheit danken wir.

Mit freundlichen Grüßen

Musterbrief 3.2.12

Sachverhalt
Ein Kundendienstmonteur der Firma Bucher hat unser Fotokopiergerät repariert.
Nachdem er unser Haus verlassen hat, sollen die ersten Fotokopien angefertigt werden.
Beim Einschalten des Gerätes entsteht zuerst eine Stichflamme, dann brennt der Kopierer, trotz Ziehen des Netzsteckers und einiger Löschversuche, aus.

Aufgabe
Wir erklären der Firma Bucher den vorgenannten Sachverhalt und bitten darum, einen Fachmann vorbeizuschicken, der die Schadensursache klärt.
Weil der Kundendienstmonteur das Gerät als letzter bediente, sind wir der Meinung, daß der Schaden zu Lasten der Firma Bucher geht, und machen deshalb sofort unsere Schadenersatzansprüche geltend.

Kundendienst vom 23. 08. 95

Sehr geehrte Damen und Herren,

am 23. 08. 95 wurde unser Kopiergerät durch Ihren Kundendienstmonteur gewartet.

Bei Wiederinbetriebnahme des Gerätes gab es beim Einschalten eine Stichflamme und das Kopiergerät brannte, trotz sofortiger Löschversuche und Ziehen des Netzsteckers, aus.

Da das Gerät vor dem Schadensfall zuletzt von Ihrem Außendienstmitarbeiter bedient wurde, gehen wir von einem Fehler Ihres Angestellten aus und machen Sie deshalb für den entstandenen Schaden haftbar.

Wir bitten um Verständigung Ihrer Versicherung.

Mit freundlichen Grüßen

Musterbrief 3.2.13

Sachverhalt
Die Lieferfirma Schmittle schickt uns eine Rechnung zu, worin keine Mehrwertsteuer aus-
gedruckt ist und wofür uns kein von unserer Firma anerkannter Lieferschein vorliegt.

Aufgabe
Wir betrachten die Rechnung als Irrläufer und geben sie an die Firma Schmittle unter Hinweis auf vorgenannten Sachverhalt zurück.

Ihre Rechnung Nr. 23/48 vom 15. 08. 95

Sehr geehrte Damen und Herren,

Ihre im Betreff genannte Rechnung reichen wir anliegend zu unserer Entlastung
zurück, da die Mehrwertsteuer nicht separat ausgewiesen ist und kein von der
Baustelle anerkannter und unterschriebener Lieferschein vorliegt.

Da wir annehmen, daß es sich um einen Irrläufer handelt, betrachten wir mit
Rückgabe der Rechnung die Angelegenheit als erledigt.

Mit freundlichen Grüßen

Anlage

Musterbrief 3.2.14

Sachverhalt

Wir erhalten von der Firma Bär eine Auftragsbestätigung für einen am 11. 08. 95 durch
Herrn Kolb mündlich erteilten Auftrag.

Aufgabe

Wir senden die Auftragsbestätigung zurück, da wir der Firma Bär weder einen Auftrag erteilt haben noch ein Herr Kolb bei unserer Firma tätig ist.

Auftragsbestätigung vom 11. 08. 95

Sehr geehrte Damen und Herren,

beiliegend reichen wir Ihre Auftragsbestätigung vom 11. 08. 95 zurück, da bei
unserer Firma weder ein Herr Kolb beschäftigt ist noch ein anderer Mitarbeiter
eine Bestellung bei Ihnen aufgegeben hat.

Wir bitten um Klärung in Ihrem Hause.

Mit freundlichen Grüßen

Anlage

Sachverhalt

Das Bewachungsunternehmen Fritz Grabert hat uns eine Rechnung zugesandt, worin es neue, höhere Berechnungssätze als vertraglich vereinbart für das abgestellte Sicherungspersonal zum Ansatz bringt.

Aufgabe

Wir verweisen die Firma Grabert auf obigen Sachverhalt und auf den am 28. 07. 95 abgeschlossenen Vertrag, mit dem eine Festpreisgarantie bis einschließlich 31. 03. 96 gegeben wurde. Da wir die Rechnung bereits bezahlt haben, bitten wir um Zusendung einer Gutschrift über den Differenzbetrag.

Ihre Rechnung vom 16. 08. 95
hier: Verrechnungssätze

Sehr geehrte Damen und Herren,

wir bestätigen den Erhalt Ihrer im Betreff genannten Rechnung. Zu unserer Verwunderung haben Sie wesentlich höhere Stundensätze für Ihr abgestelltes Sicherungspersonal verrechnet, als vertraglich am 29. 07. 95 mit Ihnen vereinbart wurde.

Sie sagten uns bei Vertragsabschluß unveränderliche Festpreise bis einschließlich 31. 03. 96 zu, und wir möchten um Einhaltung der vertraglichen Vereinbarungen bitten.

Da Ihre Rechnung bereits zur Zahlung angewiesen wurde, bitten wir um Zusendung einer Gutschrift über den zuviel bezahlten Differenzbetrag.

Für eine baldige Erledigung danken wir.

Mit freundlichen Grüßen

Musterbrief 3.2.16

Sachverhalt
Der Lieferant Gustav Müller hat uns zwei Rechnungen zugesandt, Nr. 18 vom 29. 06. 95
und Nr. 25 vom 06. 07. 95, die ganz offensichtlich nicht unsere Firma betreffen.
Obwohl wir mehrmals telefonisch um Klärung gebeten haben, erhalten wir keine Auskunft
von der Buchhaltung der Firma Müller.

Aufgabe
Wir senden beide Rechnungen mit Hinweis auf vorgenannten Sachverhalt als Irrläufer
wieder an die Firma Gustav Müller zurück.

Ihre Rechnungen Nr. 18 vom 29. 06. 95 und Nr. 25 vom 06. 07. 95

Sehr geehrte Damen und Herren,

für Ihre im Betreff genannten Rechnungen liegen uns keine von der Baustelle
anerkannten Lieferscheine vor und auch trotz wiederholter Anfragen konnten wir
von Ihrer Buchhaltung hierüber keine klärende Antwort erhalten.

Wir gehen deshalb davon aus, daß es sich bei beiden Rechnungen um Irrläufer
handelt, die wir Ihnen anliegend zu unserer Entlastung zurückgeben.

Mit freundlichen Grüßen

Anlage

Musterbrief 3.2.17

Sachverhalt
Für das Bauvorhaben »Brücke Osterstraße« in Nürnberg holen wir bei der Betonstahlver-
legefirma Wolkersdorfer ein Preisangebot für das Verlegen von ca. 280 t Betonstahl 420/S
einschließlich Abstandhalter und Bindedraht ein.

Aufgabe
Unter Einbeziehung vorgenannten Sachverhaltes formulieren wir eine Preisanfrage an die
Firma Wolkersdorfer. Wir weisen außerdem darauf hin, daß die Arbeiten voraussichtlich
am 01. 09. 95 beginnen und bis ca. Ende 1995 dauern werden. Wir bitten um Abgabe des
günstigsten Angebotes bis spätestens 15. 08. 95.

Neubau Eisenbahnbrücke Osterstraße Nürnberg
hier: Preisanfrage für Armierungsarbeiten

Sehr geehrte Damen und Herren,

wir haben heute den Auftrag zur Ausführung einer Brücke in der Osterstraße in
Nürnberg erhalten.

Für die Betonstahlverlegearbeiten hierfür suchen wir noch eine leistungsstarke
und zuverlässige Firma, die in der Lage ist, insgesamt

   ca. 280 t Betonstahl 420 S einschließlich Abstandhalter und Bindedraht

fachgerecht einzubauen.

Die auszuführenden Arbeiten werden voraussichtlich am 01. 09. 95 beginnen und
bis ca. Ende 1995 dauern.

Bei Interesse bitten wir um Ihr äußerstes Preisangebot, bis spätestens 15. 08. 95
bei uns eingehend.

Für Ihre Bemühungen danken wir.

Mit freundlichen Grüßen

Musterbrief 3.2.18

Sachverhalt
An einer Rechnung der Firma Rothenburger haben wir zu Unrecht eine Betragskürzung über insgesamt 293,45 DM vorgenommen.

Aufgabe
In einem Schreiben bitten wir Firma Rothenburger, das Versehen zu entschuldigen und den Differenzbetrag erneut in Rechnung zu stellen. Dies ist aus buchungstechnischen Gründen leider notwendig.

Kürzung Ihrer Rechnung vom 07. 08. 95

Sehr geehrte Damen und Herren,

Ihre im Betreff genannte Rechnung ist von uns irrtümlich um 293,45 DM gekürzt worden.

Wir bitten dies zu entschuldigen und uns den Betrag aus buchungstechnischen Gründen erneut in Rechnung zu stellen.

Für Ihr Verständnis danken wir.

Mit freundlichen Grüßen

Musterbrief 3.2.19

Sachverhalt
Laut telefonischer Vereinbarung vom 11. 08. 95 zwischen Herrn Lauterbach und Frau Dienst geben wir die Lieferantenrechnung der Firma Dienst mit der Bitte um Stornierung zurück. Es handelt sich um die Rechnung Nr. 2876 vom 01. 08. 95. Als Entgegenkommen unsererseits stornieren wir dafür unsere Gegenrechnung Nr. 456 vom 08. 08. 95.

Aufgabe
Vorgenannten Sachverhalt teilen wir der Firma Dienst in einem kurzen Schreiben nochmals mit und bestätigen die telefonisch getroffene Vereinbarung.

Stornierung Ihrer Rechnung Nr. 2876 vom 01. 08. 95

Sehr geehrte Damen und Herren,

wir bestätigen das heutige Telefonat, in dem die Stornierung Ihrer im Betreff genannten Rechnung vereinbart wurde.

Als Entgegenkommen werden wir unsere Rechnung Nr. 456 vom 08. 08. 95 zurücknehmen und ausbuchen.

Wir bedanken uns für die problemlose Erledigung dieser Angelegenheit und zeichnen

mit freundlichen Grüßen

Musterbrief 3.2.20

Sachverhalt
Unser Betonlieferant Firma Kaiser erhöht ab 01. 08. 95 vertragsgemäß seine Betonpreise. Die Erhöhung als solche ist zwar in Ordnung, erscheint uns aber zu hoch.

Aufgabe
Wir teilen dies der Firma Kaiser mit und bitten um Zusendung eines Nachweises, woraus die Zement- und Frachtpreiserhöhungen seines Lieferanten ersichtlich sind. Dies wurde in unserem Vertrag mit dem Betonlieferanten Kaiser unter Punkt 7.1 vereinbart.

Betonpreiserhöhung ab 01. 08. 95

Sehr geehrte Damen und Herren,

die von Ihnen ab 01. 08. 95 vorgenommene Betonpreiserhöhung ist sachlich und vertraglich korrekt, erscheint uns jedoch zu hoch.

Gemäß § 7.1 des mit Ihnen abgeschlossenen Betonliefervertrages bitten wir um Zusendung eines Nachweises, aus dem die Zement- und Frachtpreiserhöhungen Ihrer Lieferfirmen zu ersehen sind.

Für eine sofortige Erledigung danken wir.

Mit freundlichen Grüßen

Musterbrief 3.2.21

Sachverhalt
Der Betonlieferant Firma Kaiser schickt uns eine nicht prüfbare und für uns unverständliche Nachbelastung über 23,70 DM. Wir erachten diese Nachbelastung in Anbetracht des Gesamtlieferumfanges für unsere Firma als kleinlich.

Aufgabe
Wir bitten Firma Kaiser aus vorgenannten Gründen um Rücknahme und Stornierung der Rechnung. Sollte dies nicht möglich sein, benötigen wir eine neu ausgestellte Rechnung in 4facher Ausfertigung mit prüfbaren, von der Baustelle anerkannten Unterlagen.

Ihre Nachbelastung Nr. 14 vom 16. 08. 95

Sehr geehrte Damen und Herren,

in der Anlage reichen wir Ihre im Betreff genannte Nachbelastung über 23,70 DM zu unserer Entlastung zurück, die für uns nicht prüfbar ist.

Da Sie seit Jahren in größtem Umfang als Betonlieferant von unserer Firma berücksichtigt werden, erachten wir Ihre Nachbelastung außerdem als etwas kleinlich.

Aus vorgenanntem Grund gehen wir davon aus, daß Sie Ihre Rechnung zurücknehmen und stornieren werden.

Sollte dies nicht möglich sein, bitten wir um Zusendung einer neuausgestellten Rechnung in vierfacher Ausfertigung und den von der Empfangsstelle anerkannten Lieferscheinen.

Mit freundlichen Grüßen

Musterbrief 3.2.22

Sachverhalt

Auf unserer Baustelle »Brücke Sommerstraße« in Nürnberg sollen am 16. 08. 95 Lastplattenversuche durch die Landesgewerbeanstalt Nürnberg durchgeführt werden.

Aufgabe

Wir erteilen der LGA diesen Auftrag.

Lastplattenversuche

Sehr geehrte Damen und Herren,

wie bereits besprochen, sollen am 16. 08. 95 auf unserer Baustelle »Brücke Sommerstraße« in Nürnberg Lastplattenversuche durchgeführt werden. Wir beauftragen Sie hiermit mit der Durchführung dieser Arbeiten.

Die Berechnung erfolgt an unsere obige Anschrift in vierfacher Ausfertigung unter Zugrundelegung der uns vorliegenden Preisliste 3/95.

Bei eventuellen Rückfragen setzen Sie sich bitte telefonisch mit unserem Bauleiter, Herrn Friedrich, in Verbindung.

Mit freundlichen Grüßen

Musterbrief 3.2.23

Sachverhalt
Der Vertreter des Stahlhändlers Kolb & Sohn, Hubert Friedrich, besucht uns und bietet Drahtstifte zu einem Preis von 1,45 DM/kg bei Abnahme von ½ t an.
Wir beziehen daraufhin 620 kg und bekommen hierfür einen Preis von 1,68 DM/kg verrechnet.

Aufgabe
Wir teilen der Firma Kolb & Sohn mit, daß wir die Rechnung aufgrund des Angebotes ihres Außendienstmitarbeiters Friedrich auf 1,45 DM/kg abgeändert haben.

Ihre Rechnung Nr. 18273 vom 28. 07. 95

Sehr geehrte Damen und Herren,

Herr Friedrich sagte uns bei Abnahme von 500 kg Drahtstiften einen Preis von 1,45 DM/kg zu.

Wir haben Ihre Rechnung vom 28. 07. 95 auf den Angebotspreis Ihres Außendienstmitarbeiters richtiggestellt.

Da wir 620 kg Drahtstifte von Ihnen bezogen haben, ändern wir den von Ihnen verrechneten kg-Preis von 1,68 DM auf 1,45 DM ab.

Wir bitten um gleichlautende Buchung und verbleiben

mit freundlichen Grüßen

Musterbrief 3.2.24

Sachverhalt
Von der Firma Kramer erhalten wir mit Postzustellung eine Schlagbohrmaschine Typ 35 S.
Nach Öffnung des Pakets stellen wir fest, daß im Gehäuse der Maschine ein Riß ist.

Aufgabe
Wir senden der Firma Kramer diese Maschine zurück und bitten um Umtausch. Da wir die
Maschine ganz dringend benötigen, würden wir einen Um- bzw. Austausch durch einen
Außendienstmitarbeiter sehr begrüßen.

Ihre Lieferung vom 09. 08. 95

Sehr geehrte Damen und Herren,

per Postkarte haben wir heute die bei Ihnen bestellte Schlagbohrmaschine,
Typ 35 S, erhalten.

Nach Öffnung des ordentlich verpackten Paketes stellten wir fest, daß das
Gehäuse der Maschine an der vorderen Seite einen Riß aufweist.

Aus vorgenannten Gründen senden wir die Maschine postwendend an Sie zurück
und bitten um unverzügliche Zusendung eines Ersatzgerätes.

Eine sofortige direkte Zustellung durch einen Ihrer Außendienstmitarbeiter
würden wir sehr begrüßen.

Mit freundlichen Grüßen

Musterbrief 3.2.25

Sachverhalt
Unsere Bagger und Kräne sollen alle generalüberholt werden und deshalb auch neue Seile eingezogen bekommen.

Aufgabe
Wir schreiben die Firma Seil-Müller an und bitten um Zusendung des neuesten Kataloges oder sonstigen Prospektmaterials und der momentan gültigen Preisliste, wobei wir auf die uns üblicherweise eingeräumten Rabattsätze hinweisen.

Prospektmaterial für Kran- und Baggerseile

Sehr geehrte Damen und Herren,

alle unsere Kräne und Bagger werden in den nächsten Monaten überholt und in diesem Zusammenhang auch mit neuen Seilen ausgerüstet.

Um auch Ihrer Firma eine Liefermöglichkeit einzuräumen, bitten wir um Zusendung Ihrer neuesten Kataloge bzw. von Prospektmaterial mit Preisangaben und der für unsere Firma gültigen Rabattstaffelungen.

Für Ihre Bemühungen danken wir und verbleiben

mit freundlichen Grüßen

Musterbrief 3.2.26

Sachverhalt

Ein Lkw-Fahrer der Firma Müller & Müller ist mit seinem Fahrzeug in unseren Bauzaun gefahren und hat dadurch einen Schaden von 897,50 DM verursacht.

Aufgabe

Wir senden Müller & Müller unsere Schadensrechnung mit einem kurzen Anschreiben zu, worin wir auf den Schadenstag 18. 08. 95 und den verursachenden Lkw mit dem amtlichen Kennzeichen N-ZY 1234 hinweisen.

Sachschaden vom 18. 08. 95

Sehr geehrte Damen und Herren,

für den am 18. 08. 95 durch Ihren Lkw, amtliches Kennzeichen N-ZY 1234, verursachten Schaden an unserem Bauzaun erhalten Sie in der Anlage unsere Schadensrechnung über 897,50 DM.

Wir bitten um Anweisung des Betrages auf unser obengenanntes Konto.

Für eine baldige Erledigung danken wir.

Mit freundlichen Grüßen

Musterbrief 3.2.27

Sachverhalt
Bei der Firma Inklhofer haben wir uns einen neuen VW-Kombi gekauft.
Nach genau 6 Tagen und einer Kilometerleistung von 697 km ist die Kupplung defekt.

Aufgabe
Wir beschweren uns darüber bei der Firma Inklhofer und kündigen an, daß wir das Fahrzeug übermorgen zur Durchsicht und Reparatur in Ihre Werkstätte bringen werden und erwarten, für die Dauer der Reparatur kostenlos ein Ersatzfahrzeug gestellt zu bekommen.

VW-Kombi
hier: Kupplungsschaden

Sehr geehrte Damen und Herren,

bei dem vor 6 Tagen bei Ihnen gekauften VW-Kombi-Fahrzeug ist nach 697 gefahrenen Kilometern die Kupplung defekt.

Da vor der Auslieferung des Fahrzeugs angeblich eine Übergabedurchsicht durchgeführt wurde, ist der Schaden für uns unverständlich, und wir sind darüber sehr verärgert.

Wir werden das Fahrzeug übermorgen zwecks Durchsicht und Reparatur in Ihre Werkstatt bringen und gehen davon aus, daß Sie uns für die Dauer der Reparatur kostenlos ein gleichwertiges Ersatzfahrzeug zur Verfügung stellen werden. Ebenso gehen wir davon aus, daß sämtliche anfallenden Reparaturkosten zu Ihren Lasten gehen.

Wir bitten um eine kurze Terminbestätigung für die Instandsetzung unseres Fahrzeugs und verbleiben

mit freundlichen Grüßen

Musterbrief 3.2.28

Sachverhalt

Wir erhalten von der Lieferantenfirma Scholl eine Rechnung, bei der unsere Anschrift nicht im Empfängerfeld eingetragen ist.

Aufgabe

Wir senden Firma Scholl diese Rechnung zurück und bitten u. a. auch aus steuerlichen Gründen und Neuausstellung mit unserer korrekten Anschrift in 4facher Ausfertigung.

Ihre Rechnung Nr. 2845 vom 16. 08. 95

Sehr geehrte Damen und Herren,

wir haben heute Ihre im Betreff genannte Rechnung erhalten, mußten jedoch feststellen, daß unsere Firmenanschrift darauf nicht vermerkt ist.

In der Anlage geben wir Ihnen deshalb die Rechnung zurück und bitten aus steuerrechtlichen Gründen um Neuausstellung mit unserer korrekten Anschrift sowie um Zusendung der Rechnung in 4facher Ausfertigung.

Mit freundlichen Grüßen

Anlage

Musterbrief 3.2.29

Sachverhalt
Wir benötigen auf unserer Baustelle in Wendelstein spätestens zu Beginn der 12. Kalenderwoche ca. 20 m³ Kantholz 12/16 cm, feste Länge 5,50 m.

Aufgabe
Preisanfrage bei unserem Holzhändler Huberlein.

Preisanfrage für Kantholz

Sehr geehrte Damen und Herren,

für unsere Baustelle in Wendelstein benötigen wir spätestens zu Beginn der 12. Kalenderwoche

    ca. 20 m³ Kantholz 12/16 cm
    feste Länge 5,50

Wir bitten um Abgabe Ihres äußersten Preisangebotes in den nächsten Tagen.

Für Ihre Bemühungen danken wir.

Mit freundlichen Grüßen

Musterbrief 3.2.30

Sachverhalt

Wir beziehen von unserem Baustofflieferanten Steinzeugrohre, für die bei den Preisver-
handlungen eine Rabattvereinbarung von 20 % auf die Nettopreisliste getroffen wurde.
Auf der Rechnung sind die vereinbarten 20 % Nachlaß jedoch nicht abgezogen.

Aufgabe

Unter Hinweis auf obigen Sachverhalt geben wir die Rechnung mit der Bitte um Neuausstellung an Firma Kalb zurück.

Ihre Rechnung Nr. 8 vom 18. 08. 95
hier: Rabattvereinbarung

Sehr geehrte Damen und Herren,

in der im Betreff genannten Rechnung wurde die mit Ihnen getroffene
Vereinbarung von 20 % Nachlaß auf Ihre Nettopreisliste für Steinzeugrohre nicht
berücksichtigt.

Wir geben Ihnen deshalb anliegend Ihre Rechnung zurück und bitten um
Neuausstellung.

Mit freundlichen Grüßen

Anlage

Musterbrief 3.2.31

Sachverhalt
Wir benötigen 5 Leitz-Ordner DIN A 4, 10 ABC-Register DIN A 5, 10 Karo-Blocks DIN A 4, 2 kleine Locher, 1 großen Locher, 2 Heftmaschinen, 1 Portobuch und 1 Briefwaage von unserem Lieferanten Firma Beierlein.

Aufgabe
Wir erteilen der Firma Beierlein den Auftrag zur sofortigen Lieferung vorgenannten Büromaterials.

Bestellung von Büromaterial

Sehr geehrte Damen und Herren,

wir erteilen Ihnen hiermit den Auftrag zur Lieferung nachfolgend aufgeführten Büromaterials:

  5 Leitz-Ordner DIN A 4
10 ABC-Register DIN A 5
10 Karo-Blocks DIN A 4
  2 kleine Locher
  1 großer Locher
  2 Heftmaschinen
  1 Portobuch
  1 Briefwaage

Wir bitten um sofortige Auslieferung an unsere obige Anschrift.

Mit freundlichen Grüßen

Musterbrief 3.2.32

Sachverhalt

Unsere gesamten elektrischen Schreibmaschinen sollen in der 11. Kalenderwoche gereinigt und gewartet werden.

Aufgabe

Wir beauftragen mit dieser Arbeit die Firma BMI, deren Kundendienst in der 11. Kalenderwoche in unserem Büro die Durchsicht und Wartung der Maschinen vornehmen soll.

Wartung unserer Schreibmaschinen

Sehr geehrte Damen und Herren,

wie bereits telefonisch besprochen erteilen wir Ihnen hiermit den Auftrag zur Reinigung und Wartung unserer gesamten elektrischen Schreibmaschinen. Die Arbeiten sollen wie vereinbart in der 11. Kalenderwoche durchgeführt werden.

Rechnungsstellung erfolgt in 4facher Ausfertigung an unsere obige Anschrift.

Mit freundlichen Grüßen

Musterbrief 3.2.33

Sachverhalt
Wir benötigen dringend zwei neue Ausgaben der KURT (ausschreiben).

Aufgabe
Wir bestellen diese beiden Exemplare bei dem Verlag Willibald Ofenreiter und bitten um baldmöglichste Lieferung. Die Rechnung erbitten wir in 4facher Ausfertigung an unsere obige Anschrift.

Bestellung »KURT«, Ausgabe Januar 1994

Sehr geehrte Damen und Herren,

wir bitten um sofortige Zusendung von zwei neuen, ab Januar 1994 gültigen Ausgaben »KURT« (Kostenorientierte unverbindliche Richtpreis-Tabellen).

Die Rechnung erbitten wir in 4facher Ausfertigung an unsere obengenannte Anschrift.

Für eine baldige Erledigung danken wir.

Mit freundlichen Grüßen

Musterbrief 3.2.34

Sachverhalt
Für unsere Baustelle »Trinkwasserbehälter Katzwang« sollen die Betonprobekörper geprüft werden.

Aufgabe
Wir erteilen der LGA (Landesgewerbeanstalt) Nürnberg einen Dauerauftrag zur Prüfung der Betonprobewürfel bis zum Ende der Bauzeit (ca. 3/96).
Die Abrechnung soll monatlich mit den entsprechenden Rabattsätzen erfolgen.

Prüfung von Betonprobekörpern

Sehr geehrte Damen und Herren,

hiermit erteilen wir Ihnen den Auftrag zur Prüfung der Betonprobewürfel für unsere Baustelle »Trinkwasserbehälter Katzwang« bis zum Ende der Bauzeit im März 1996.

Wir bitten um monatliche Abrechnung unter Zugrundelegung der derzeit gültigen Rabattsätze.

Wir hoffen auf eine gute Zusammenarbeit und verbleiben

mit freundlichen Grüßen

Musterbrief 3.2.35

Sachverhalt
Für unsere Baustelle »Trinkwasserbehälter Katzwang« erhalten wir von dem Fränkischen Überlandwerk (FÜW) die erste Stromrechnung zugesandt.

Aufgabe
Wir bitten das FÜW in einem kurzen Schreiben um Aufgliederung der berechneten Strompreise, da wir diese aufgrund der uns vorliegenden Tarifauflistungen nicht bestätigen können.

Stromrechnung Juli 1995

Sehr geehrte Damen und Herren,

Ihre erste Stromrechnung, Monat Juli 95, für unsere Baustelle »Trinkwasserbehälter Katzwang«, haben wir erhalten.

Da die Rechnung für uns aufgrund der vorliegenden Tariflisten nicht prüfbar ist, bitten wir um Aufgliederung der verrechneten Strompreise.

Für Ihre Bemühungen danken wir.

Mit freundlichen Grüßen

Musterbrief 3.2.36

Sachverhalt

Mit der SB-Tankstelle Hubertus Müllermeier wird die Vereinbarung getroffen, daß ab 01. 09. 95 nachfolgend aufgeführte Fahrzeuge gegen Rechnung tanken können: N-KF 1234, N-TF 1327, SC-W 18 und SC-PZ 1. Berechtigt, auf Rechnung zu tanken, sind die Herren Weber, Kamm, Bord und Moll.

Aufgabe

Mit einem Schreiben bestätigen wir der Firma Müllermeier die mit ihr mündlich getroffenen Vereinbarungen und bitten nochmals um monatliche Abrechnung.

Betankung unserer Fahrzeuge

Sehr geehrte Damen und Herren,

wir bestätigen die heute mündlich mit Ihnen getroffene Vereinbarung, wonach unsere Fahrzeuge mit den amtlichen Kennzeichen

N-KF 1234
N-TF 1327
SC-W 18
SC-PZ 1

ab 01. 09. 95 bei Ihnen auf Rechnung betankt werden.

Berechtigt, bei Ihnen gegen Unterschrift zu tanken, sind die Herren Weber, Kamm, Bord und Moll.

Wir bitten nochmals, die Möglichkeit einer monatlichen Abrechnung zu prüfen, wobei wir bereit wären, Ihnen jeweils am Monatsende einen Verrechnungsscheck über die zu zahlende Summe auszuhändigen.

Mit freundlichen Grüßen

Musterbrief 3.2.37

Sachverhalt
Auf unserer Baustelle soll ein Werkstatt-Container komplett neu eingerichtet werden.

Aufgabe
Mit einem Anschreiben übersenden wir unserem Werkzeuglieferanten Koch eine »Soll-Geräteliste« mit der Bitte, seine äußersten Preise einzutragen und diese Liste wieder an unsere Firma zurückzusenden.

Preisangebot für Werkzeuge

Sehr geehrte Damen und Herren,

auf unserer Baustelle wird in den nächsten Tagen ein Werkstatt-Container komplett neu eingerichtet. Wir bitten deshalb, die diesem Schreiben beiligende Geräteliste, versehen mit Ihren äußersten Preisen und Rabattsätzen, wieder an unsere Firma zurückzusenden.

Für Ihre Bemühungen danken wir.

Mit freundlichen Grüßen

Anlage

Musterbrief 3.2.38

Sachverhalt

In einem Telefongespräch wurde zwischen Herrn Pauli und Herrn Schmittberger von der Werkzeuglieferfirma Ammon ein Sonderrabattsatz von 6 % auf den Nettopreiskatalog vereinbart.

Aufgabe

In einem Schreiben bestätigen wir dieses mit Herrn Schmittberger geführte Telefonat und die getroffenen Vereinbarungen.

Rabattvereinbarung

Sehr geehrte Damen und Herren,

wir bestätigen das heute zwischen Ihrem Herrn Schmittberger und unserem Herrn Pauli geführte Telefonat, in dem Sie uns ab sofort einen Sonderrabattsatz von 6 % auf Ihren Nettopreiskatalog zusagen.

Für Ihr Entgegenkommen danken wir und hoffen auch weiterhin auf eine gute Zusammenarbeit.

Mit freundlichen Grüßen

Musterbrief 3.2.39

Sachverhalt

In den Lieferantenrechnungen der Firma Schmittberger werden statt der vereinbarten 6 %
Sondernachlaß auf ihre Nettopreise nur jeweils 3 % Sondernachlaß vom Rechnungsbe-
trag abgezogen.

Aufgabe

Wir machen die Firma Schmittberger darauf aufmerksam und bitten um Einhaltung der
getroffenen Vereinbarungen. Außerdem weisen wir darauf hin, daß die ständige Abände-
rung ihrer Rechnungen einen erheblichen zeitlichen und damit auch finanziellen Sonder-
aufwand zur Folge hat.

Rabattvereinbarung

Sehr geehrte Damen und Herren,

wir machen höflichst darauf aufmerksam, daß Sie bei Ihren Rechnungen nicht –
wie vereinbart – 6 % Sondernachlaß auf die Nettopreise gewähren, sondern nur
jeweils 3 %.

Die ständigen Korrekturen Ihrer Rechnungen machen einen erheblich höheren
Prüfaufwand erforderlich und verursachen somit unnötige Zusatzkosten. Wir
bitten daher um künftige Einhaltung der mit Ihnen getroffenen Vereinbarungen.

Mit freundlichen Grüßen

Musterbrief 3.2.40

Sachverhalt

Von der Firma Schalöl-Dienst haben wir mit Rechnung Nr. 1843 vom 24. 08. 95 insgesamt 500 l Schalöl Stignit TS 4530 bezogen. Für den Bauherrn benötigen wir nun einen Nachweis über die genaue Beschaffenheit und Zusammensetzung des Produktes.

Aufgabe

Wir bitten die Firma Schalöl-Dienst um Zusendung von Prospekt- und Informationsmaterial in zweifacher Ausfertigung an unsere Anschrift.

Zulassung für Stignit TS 4530

Sehr geehrte Damen und Herren,

mit Rechnung Nr. 1843 vom 24. 08. 95 haben wir das von Ihrer Firma hergestellte Schalöl Stignit TS 4530 bezogen.

Zur Vorlage beim Bauherrn erbitten wir eine Zulassungsbescheinigung und Prospektmaterial, aus dem die genaue Beschaffenheit und Zusammensetzung Ihres Produktes hervorgeht.

Für die Zusendung des Informationsmaterials in zweifacher Ausfertigung wären wir sehr dankbar.

Mit freundlichen Grüßen

Musterbrief 3.2.41

Sachverhalt
Die Fahrer des Betonlieferanten Firma Ortmeier laden bei jeder Anlieferung mit dem
Transportauto Betonreste aus der Trommel auf unserem Baugelände ab.

Aufgabe
Wir teilen dies der Firma Ortmeier mit und fordern sie auf, diese Unsitte der Fahrer zu un-
terbinden, da wir ihr andernfalls die Kosten für die Beseitigung der Betonreste in Rechnung stellen werden.

Reinigung Ihrer Transportbetonfahrzeuge

Sehr geehrte Damen und Herren,

wir machen Sie darauf aufmerksam, daß die Fahrer Ihrer Transportbetonautos
jeweils nach Abnahme des zu liefernden Betons Ihre Fahrzeuge auf unserem
Baugelände auswaschen und die in der Trommel befindlichen Betonreste ohne
unsere Erlaubnis im Bereich unserer Baustelle abladen.

Wir bitten Sie, Ihr Personal dahingehend zu beeinflussen, daß die Betonfahrzeuge
nicht mehr innerhalb unseres Geländes gereinigt werden.

Sollte dies trotzdem weiterhin der Fall sein, sehen wir uns dazu veranlaßt, Sie mit
den für die Beseitigung der Betonreste entstehenden Kosten zu belasten.

Mit freundlichen Grüßen

Musterbrief 3.2.42

Sachverhalt
Die Lieferantenrechnungen unseres Stahllieferanten Lembke sind nicht oder nur unter einem erheblichen zeitlichen Mehraufwand prüfbar.

Aufgabe
Wir teilen dies Herrn Lembke mit und bitten ihn, zur Behebung des Problems am 30. 08. 95 zu einem persönlichen Gespräch auf die Baustelle zu kommen.

Prüfung Ihrer Rechnungen

Sehr geehrter Herr Lembke,

leider müssen wir Ihnen mitteilen, daß die Rechnungen über die von Ihnen bezogenen Stahllieferungen schwer bzw. nur unter einem erheblichen zeitlichen Mehraufwand prüfbar sind.

Wir sind der Meinung, daß dieses Problem durch ein persönliches Gespräch lösbar ist, weshalb wir Sie am 30. 08. 95 zu einer kurzen Unterredung auf unsere Baustelle bitten.

Für Ihr Verständnis danken wir und verbleiben

mit freundlichen Grüßen

Musterbrief 3.2.43

Sachverhalt
Der Sanitärinstallationsfirma Kaulbach wurde ein schriftlicher Auftrag erteilt, worin festgelegt war, daß wir auf die Abrechnungssumme einen Nachlaß von 3 % erhalten. Nach Auftragsausführung wird jedoch telefonisch mit Herrn Kaulbach ein Nachlaß von 8 % auf die Gesamt-Abrechnungssumme der Firma Kaulbach vereinbart.

Aufgabe
Wir bestätigen Firma Kaulbach vorgenannten Sachverhalt in dem Sinne, daß entgegen der schriftlichen Vereinbarungen nunmehr ein Rabattsatz von 8 % auf die Abrechnungssumme gewährt wird.

Nachlaß für Sanitärinstallationsarbeiten

Sehr geehrte Damen und Herren,

wie heute telefonisch mit Ihnen besprochen, gewähren Sie uns auf die von Ihnen ausgeführten Installationsarbeiten entgegen der schriftlich und vertraglich festgelegten 3 % Nachlaß nunmehr einen Rabattsatz von 8 % auf die Gesamtabrechnungssumme.

Wir danken für Ihr Entgegenkommen und denken, Sie unter den gegebenen Voraussetzungen auch künftig bei ähnlichen Arbeiten berücksichtigen zu können.

Mit freundlichen Grüßen

3.3 Briefe an Behörden, Ämter und andere Institutionen

Musterbrief 3.3.1

Sachverhalt

Bei Aushubarbeiten auf unserer Baustelle in Nürnberg stoßen wir mit unserem Bagger auf Grabsteine, Säulen und Gebäudereste mit Inschriften und Malereien.

Aufgabe

Nach Verständigung der Partnerfirmen melden wir diesen Fund schriftlich beim Amt für Denkmalpflege der Stadt Nürnberg.

Ausgrabung von Denkmälern

Sehr geehrte Damen und Herren,

bei Erdarbeiten auf unserer Baustelle Müllerstraße 17, Nürnberg, sind wir auf Grabsteine, Säulen und Gebäudereste mit Inschriften und Malereien gestoßen und haben diese bereits weitgehend freigelegt.

Zur Vermeidung längerer Stillstandszeiten bitten wir, einen für diese Angelegenheiten verantwortlichen Sachverständigen auf unsere Baustelle zu entsenden.

Für eine baldige Erledigung wären wir sehr dankbar.

Mit freundlichen Grüßen

Musterbrief 3.3.2

Sachverhalt
Am 25. 08. 95 soll unsere Baustelle komplett geräumt und auch die Bürobaracke abgerissen werden. Der bestehende Telefonanschluß mit der Nr. 34 56 78 wird deshalb mit diesem Tag beim Fernmeldeamt abgemeldet.

Aufgabe
Vorgenannten Sachverhalt teilen wir dem Fernmeldeamt schriftlich mit und bitten um Abbau des bestehenden Anschlusses bis spätestens 24. 08. 95.

Fernmeldeanschluß 34 56 78
hier: Kündigung

Sehr geehrte Damen und Herren,

da die Arbeiten auf unserer Baustelle in Kürze beendet sein werden, kündigen wir hiermit den bestehenden Fernmeldeanschluß mit der Rufnummer 345678 zum 25. 08. 95.

Wir bitten um Demontage der Anlage bis 24. 08. 95, da am Folgetag die Bürobaracke abgebaut wird.

Wir bitten um Bestätigung.

Mit freundlichen Grüßen

Sachverhalt

Laut Vereinbarungsbescheid Nr. 78 91 23 34 45 müssen wir an die Stadt Nürnberg, Steueramt, für die Zeit vom 01. 07. 95 bis 31. 12. 95 insgesamt noch 590,50 DM an Müllabfuhrgebühren bezahlen.

Aufgabe

Mit einem Anschreiben übersenden wir der Stadt Nürnberg, Steueramt, einen Verrechnungsscheck über obengenannten Betrag für Müllbeseitigungsgebühren. Gleichzeitig melden wir alle auf der Baustelle befindlichen Müllbehälter zum 03. 03. 96 frei und erbitten die Zusendung der Endabrechnung zu diesem Termin.

Müllbeseitigung
hier: Veranlagungsbescheid Nr. 7891233445

Sehr geehrte Damen und Herren,

für die Müllbeseitigung in der Zeit vom 01. 07. bis 31. 12. 95 erhalten Sie zum Ausgleich für obengenannten Veranlagungsbescheid anliegend einen Verrechnungsscheck über 590,50 DM.

In diesem Zusammenhang melden wir alle auf der Baustelle befindlichen Müllbehälter zum 31. 03. 96 frei und bitten um Zusendung der Endabrechnung an obige Baustellenanschrift.

Mit freundlichen Grüßen

Musterbrief 3.3.4

Sachverhalt
Für unseren Fernmeldeanschluß Nr. 44 55 66 möchten wir künftig die Fernmeldegebühren
direkt von unserem Konto Nr. 12345678 bei der Deutschen Bank Nürnberg abbuchen lassen.

Aufgabe
Wir stellen diesen Antrag bei dem für uns zuständigen Fernmeldeamt Nürnberg. Sollte der
Abbuchungsantrag in dieser Form nicht möglich sein, bitten wir um Zusendung eines entsprechenden Formulars der Fernmeldestelle.

Fernmeldeanschluß 44 55 66

Sehr geehrte Damen und Herren,

wir bitten, die monatlichen Fernmeldegebühren für unseren im Betreff genannten
Anschluß künftig direkt von unserem Konto bei der Deutschen Bank Nürnberg
abzubuchen. Die Kontonummer lautet 12345678.

Sollte der Antrag auf Abbuchung der Gebühren in dieser Form nicht möglich
sein, bitten wir um Zusendung des dafür vorgesehenen Formulars.

Für Ihre Bemühungen danken wir und verbleiben

mit freundlichen Grüßen

Musterbrief 3.3.5

Sachverhalt
Die Fernmelderechnung für den Anschluß Nr. 55 66 77 soll künftig an folgende Anschrift gesandt werden:
> Arbeitsgemeinschaft
> Bahnbrücke Behringersdorf
> Postfach 99999
> 90402 Nürnberg

Aufgabe
Wir schreiben an das Fernmeldeamt Nürnberg und bitten, künftig die Rechnungen an vorgenannte Anschrift auszustellen.

Fernmeldeanschluß 55 66 77

Sehr geehrte Damen und Herren,

zur Vermeidung etwaiger Unstimmigkeiten bitten wir, die monatliche Gebührenrechnung für den im Betreff genannten Fernmeldeanschluß an folgende Anschrift zu senden:

Arbeitsgemeinschaft
Bahnbrücke Behringersdorf
Postfach 9999
90402 Nürnberg

Für Ihre Bemühungen danken wir und verbleiben

mit freundlichen Grüßen

Musterbrief 3.3.6

Sachverhalt
Durch einen unserer Bagger wird am 16. 08. 95 auf der Baustelle ein Kabelschaden bei der Deutschen Bundesbahn verursacht.

Aufgabe
Auf Wunsch der Deutschen Bundesbahn teilen wir ihr mit, daß dieser Schaden am 23. 08. 95 unserer Versicherung ABS in Buxtehude, Versicherungs-Schein-Nr. 384857 6678 77 gemeldet wurde.

Kabelschaden am 16. 08. 95

Sehr geehrte Damen und Herren,

wunschgemäß teilen wir Ihnen mit, daß der am 16. 08. 95 durch unseren Bagger verursachte Kabelschaden am 23. 08. 95 unserer Versicherung ABS in Buxtehude unter der Versicherungsnummer 384857 6678 77 gemeldet wurde.

Wir hoffen, Ihnen hiermit gedient zu haben.

Mit freundlichen Grüßen

Musterbrief 3.3.7

Sachverhalt

Mit Wirkung vom 31. 07. 95 ist unsere Baustelle abgeschlossen und der letzte Arbeitnehmer ausgeschieden.

Aufgabe

Wir teilen vorgenannten Sachverhalt dem Arbeitsamt Nürnberg mit und informieren darüber, daß mit diesem Tag die Betriebskontonummer 3456789123 und die SWG-Nummer 9999 aufgelöst werden können. Die Lohnunterlagen für die Schlußprüfung liegen in unserem Hause vor und können zu jeder Zeit dort eingesehen werden.
Abschließend bedanken wir uns für die stets gute Zusammenarbeit während der gesamten Bauzeit.

Betriebskontonummer 3456789123 und SWG-Stammnummer 9999

Sehr geehrte Damen und Herren,

wir geben Ihnen hiermit zur Kenntnis, daß unsere Baustelle mit 31. 07. 95 abgeschlossen wurde.

Wir bitten deshalb um Auflösung der im Betreff genannten Betriebskonto- und Schlechtwetterstammnummer.

Die zur Schlußprüfung erforderlichen Lohnunterlagen liegen komplett vor und können jederzeit in unserem Hause eingesehen werden.

Für die während der gesamten Bauzeit gute Zusammenarbeit danken wir.

Mit freundlichen Grüßen

Musterbrief 3.3.8

Aufgabe zu Sachverhalt Fall 3.3.7
Wir beantragen die Auflösung des Betriebskontos Nr. 5956865 bei der AOK Nürnberg.
Außerdem bitten wir um Bestätigung, daß ab 01. 08. 95 kein Arbeitnehmer mehr bei der
AOK angemeldet ist und alle Beitragsnachweise bei der AOK eingegangen sind.

Betriebskontonummer 5956865

Sehr geehrte Damen und Herren,

mit 31. 07. 95 wurde unsere Baustelle abgeschlossen.

Wir bitten deshalb um Auflösung und Löschung unseres Betriebskontos mit der
Nummer 5956865.

Alle für die Schlußprüfung erforderlichen Unterlagen liegen komplett vor und
können jederzeit im Lohnbüro unserer Firma eingesehen werden.

Wir bitten um Bestätigung, daß ab 01. 08. 95 keine Arbeitnehmer mehr unter
obengenannter Betriebskontonummer geführt werden, alle Beitragsnachweise bei
Ihnen eingegangen sind und lückenlos vorliegen.

Für die stets angenehme Zusammenarbeit danken wir.

Mit freundlichen Grüßen

Musterbrief 3.3.9

Sachverhalt

Die Lohnzahlungen für August 1995 sind abgeschlossen, und die Beitragsnachweise für diesen Monat können der AOK zugestellt werden.

Aufgabe

Wir übersenden der AOK mit einem kurzen Begleitschreiben die Beitragsnachweise für Monat August 1995.

Beitragsnachweise August 1995

Sehr geehrte Damen und Herren,

in der Anlage übersenden wir Ihnen die Beitragsnachweise für die Lohnzahlungen im Monat August 1995.

Mit freundlichen Grüßen

Anlage

Musterbrief 3.3.10

Sachverhalt

Unsere neue ARGE »Fernsehturm Wendelstein« beginnt am 02. 08. 95. Dem Bauleiter Fritz Kierbel und Kaufmann Georg Henne wird von unserer Firma Postvollmacht für diese Baustelle erteilt.

Aufgabe

Mit einem Anschreiben übersenden wir der Post dieses von unserer Firma ausgefüllte Formular.

Postvollmacht

Sehr geehrte Damen und Herren,

für die Herren Kierbel und Henne von unserer neuen ARGE »Fernsehturm Wendelstein« erhalten Sie anliegend die von unserer Firma ausgestellte Postvollmacht.

Wir bitten um Kenntnisnahme.

Mit freundlichen Grüßen

Anlage

Musterbrief 3.3.11

Sachverhalt
Die Zusatzversorgungskasse mahnt am 21. 08. 95 unsere Beitragsnachweise für Monat Juni 1995 an.

Aufgabe
In einem Antwortschreiben teilen wir der ZVK mit, daß am 31. 05. 95 letztmals Arbeitsstunden angefallen sind und daß deshalb die Baustelle mit diesem Tag abgeschlossen ist. Die Meldung über die Beendigung unserer Baustelle an die ZVK wurde von uns übersehen, und wir bitten deshalb um Entschuldigung.
Es betrifft das Beitragskonto Nr. 33344455 03.

Beitragskonto 333 444 55 03
hier: Beitragsnachweis Juni 1995

Sehr geehrte Damen und Herren,

am 31. 05. 95 sind auf unserer Baustelle, Beitragskonto Nr. 333 444 55 03, letztmals Arbeitsstunden geleistet worden. Die Baustelle wurde mit diesem Tag abgeschlossen, weshalb auch für Monat Juni keine Beiträge mehr an Sie zu entrichten sind.

Daß wir übersehen haben, Ihnen das Ende der Bauarbeiten schriftlich anzuzeigen, bitten wir zu entschuldigen.

Für die während der Bauzeit problemlose Zusammenarbeit danken wir.

Mit freundlichen Grüßen

Musterbrief 3.3.12

Sachverhalt

Das Arbeitsamt bemängelt, die Schwerbehindertenanzeige für das Jahr 1994 noch nicht erhalten zu haben.

Aufgabe

Wir schreiben zurück, daß diese Meldung für die Gesamtfirma zentral durch unsere Hauptverwaltung in Hamburg erstellt wird und bereits am 13. 03. 95 dem Arbeitsamt Hamburg zugeleitet wurde.

Schwerbehindertenanzeige 1994

Sehr geehrte Damen und Herren,

bezugnehmend auf Ihre Nachricht vom 23. 03. 95 teilen wir Ihnen mit, daß die Meldung über Beschäftigung Schwerbehinderter zentral durch unsere Hauptverwaltung in Hamburg erstellt wird und bereits am 13. 03. 95 dem dortigen Arbeitsamt zugesandt wurde.

Wir hoffen, Ihnen hiermit gedient zu haben, und verbleiben

mit freundlichen Grüßen

Sachverhalt
Die ARGE »Tunnel Röthenbacher Forst« ist beendet und besteht ab 01. 08. 95 nicht mehr.

Aufgabe
Wir teilen dem Postamt diesen Sachverhalt mit und bitten, die für vorgenannte ARGE eingehende Post an die kaufmännische Geschäftsführung – Anschrift siehe Briefkopf – zu senden.

Auflösung unserer Arbeitsgemeinschaft
hier: Postnachsendeantrag

Sehr geehrte Damen und Herren,

wir teilen Ihnen mit, daß unsere Arbeitsgemeinschaft »Tunnel Röthenbacher Forst« ab 01. 08. 95 nicht mehr besteht.

Weiterhin eingehende Post bitten wir an die obenangeführte Anschrift der kaufmännischen Geschäftsführung zu senden.

Wir bedanken uns für Ihre Bemühungen und die stets gute und problemlose Zusammenarbeit.

Mit freundlichen Grüßen

3.4 Briefe an sonstige diverse Empfänger

Musterbrief 3.4.1

Sachverhalt

Die Baustelle benötigt eine Reinemachefrau und antwortet deshalb auf ein entsprechendes Inserat in den Nürnberger Nachrichten vom 26./27. 08. 95.

Aufgabe

In einem Schreiben teilen wir der Inserentin mit, daß wir zur Reinigung unserer Baustelle eine zuverlässige Kraft suchen, die für ca. anderthalb Jahre wöchentlich zweimal vier Stunden zwei Baracken mit fünf Zimmern und zwei Toilettenwagen zu reinigen hat. Für die Dauer der Beschäftigung bieten wir einen Stundenlohn von 19,50 DM. Wir bitten um eine telefonische Terminvereinbarung zu einem persönlichen Gespräch, Telefon: 23 45 67.

Stellengesuch vom 26./27. 08. 95

Sehr geehrte Inserentin,

aufgrund Ihres Stellengesuches vom vergangenen Wochenende in den Nürnberger Nachrichten können wir Ihnen für die Dauer von ca. anderthalb Jahren auf unserer Baustelle »ARGE Brücke Schnaittacher Straße« in Nürnberg einen Arbeitsplatz als Reinemachefrau anbieten.

Wir suchen eine zuverlässige Kraft, die bei wöchentlich zweimal vier Stunden insgesamt zwei Baubaracken mit fünf Zimmern und zwei WC-Wagen zu reinigen hat.

Für die Dauer der Beschäftigung können wir Ihnen einen Stundenlohn von 19,50 DM anbieten.

Zur Vereinbarung eines persönlichen Gespräches bitten wir Sie, sich telefonisch unter der Rufnummer 0911/234567 mit uns in Verbindung zu setzen.

In der Hoffnung, in Kürze von Ihnen zu hören, verbleiben wir

mit freundlichen Grüßen

Musterbrief 3.4.2

Sachverhalt

Herr Zott vom Bauherrn Mayr & Sohn möchte für die Zeit vom 14. 08. bis 16. 08. 95 die Baustelle besuchen und bittet uns um Reservierung eines Hotelzimmers.

Aufgabe

Wir bestellen im Hotel »Zur Herberge« für die Zeit vom 14. 08. bis 16. 08. 95 ein Einzelzimmer mit Dusche und bestätigen die telefonisch mit Herrn Brettl getroffene Vereinbarung nochmals schriftlich. Die Hotelrechnung soll wie besprochen an unsere Baustellenanschrift geschickt werden, da Herr Zott auf Kosten unserer Baustelle in dem Hotel wohnt.

Zimmerreservierung vom 14.–16. 08. 95

Sehr geehrter Herr Brettl,

wir bestätigen das heute mit Ihnen geführte Gespräch, in dem Sie uns die Reservierung eines Einzelzimmers mit Dusche für die Zeit vom 14.–16. 08. 95 in Ihrem Hotel zusagten.

Wie telefonisch angedeutet, ist Herr Zott Auftraggeber unserer Baustelle, weshalb wir um Zusendung der Rechnung an unsere Anschrift bitten.

Mit freundlichen Grüßen

Musterbrief 3.4.3

Sachverhalt

Unsere Firma sucht ein neues Bürogebäude, eventuell auch mit angrenzendem Lagerplatz.

Aufgabe

Brief an die Firma Immobilien Kussmann mit der Bitte um ein Angebot für Büroräume im
Nordosten von Nürnberg. Besondere Wünsche: ruhige Lage, modern ausgestattet, ca.
400 m², wenn möglich ohne weitere Mieter, evtl. auch mit angrenzendem Lagerplatz,
benötigte Fläche ca. 5.000 m².

Immobilienangebot
hier: Bürogebäude und Lagerplatz

Sehr geehrte Damen und Herren,

wir bitten um Abgabe eines Angebotes für die Anmietung bzw. für den Kauf von
Büroräumen mit eventuell angrenzendem Lagerplatz im Nordosten Nürnbergs.
Eine Größe von ca. 400 m² für die Büroräume und ca. 5000 m² für die als
Lagerplatz zu nutzende Fläche ist Voraussetzung. Ruhige Lage, moderne
Ausstattung sowie eine Alleinanmietung der Räumlichkeiten wären
wünschenswert.

Für eine baldige Zusendung von Unterlagen interessanter Objekte danken wir.

Mit freundlichen Grüßen

Musterbrief 3.4.4

Sachverhalt
Bisher wurden die Konto-Auszüge für unser Konto Nr. 123456 bei der Müller Bank immer persönlich von einem Boten abgeholt.

Aufgabe
Ab 01. 08. 95 beantragen wir bei der Müller Bank die tägliche Zusendung der Konto-Auszüge an unsere Anschrift.

Konto-Nr. 123456

Sehr geehrte Damen und Herren,

wir bitten um Vormerkung, daß wir ab 01. 08. 95 die tägliche Zusendung der Kontoauszüge für unser Konto Nr. 123456 wünschen.

Die Verrechnung der Portokosten erfolgt über das Konto.

Wir bitten um Beachtung und Kenntnisnahme.

Mit freundlichen Grüßen

Musterbrief 3.4.5

Sachverhalt
Auf unserer Baustelle ARGE »Tunnel Röthenbach« benötigen wir 50 Euro-Scheck-Vordrucke.

Aufgabe
In einem Schreiben an die Müller Bank fordern wir diese Schecks für das Konto Nr. 3456789877 an und bitten um Zusendung an die Baustellenanschrift.

Konto-Nr. 3456789877
hier: Zusendung von Euro-Schecks

Sehr geehrte Damen und Herren,

für unsere Baustelle, ARGE »Tunnel Röthenbach« bitten wir um Zusendung von 50 Euro-Scheck-Vordrucken für unser Konto-Nr. 3456789877 an die Baustellenanschrift.

Für eine rasche Erledigung und Zusendung danken wir.

Mit freundlichen Grüßen

Musterbrief 3.4.6

Sachverhalt

Die Baustelle ARGE »Bohrloch 17« in Hersbruck ist seit 31. 08. 95 beendet.

Aufgabe

Wir kündigen unser Bankkonto Nr. 3344556698 bei der Offenburger Nationalbank und bitten um Zusendung der Schlußabrechnung.

Konto-Nr. 3344556698
hier: Kündigung

Sehr geehrte Damen und Herren,

mit 31. 08. 95 wurde unsere Baustelle »ARGE Bohrloch 17« in Hersbruck beendet. Aus vorgenannten Gründen kündigen wir unser Konto-Nr. 3344556698 und bitten um Zusendung der Schlußabrechnung an obige Anschrift.

Für die gute Zusammenarbeit danken wir.

Mit freundlichen Grüßen

4 Schriftwechsel mit dem Personal und mit anderen Stellen im Zusammenhang mit dem Personal

4.1 Briefe an Behörden, Ämter und andere Institutionen im Zusammenhang mit dem Personal

Musterbrief 4.1.1

Sachverhalt
Von unserem Arbeitnehmer Hubert Schwarz erhalten wir per Post eine Arbeitsunfähigkeitsbescheinigung für die Zeit vom 19. 07. bis 04. 08. 95 zugesandt. Nachdem wir jedoch in Erfahrung bringen können, daß es sich bei der Krankheit um die Folgen einer selbstverschuldeten Schlägerei handelt, lehnen wir die Lohnfortzahlung ab.

Aufgabe
Unter Hinweis auf vorgenannten Sachverhalt verweigern wir die Lohnfortzahlung und teilen dies der AOK Nürnberg in einem kurzen Schreiben mit.

Arbeitsunfähigkeit des Arbeitnehmers
Hubert Schwarz, geb. 28. 07. 1940
hier: Verweigerung der Lohnfortzahlung

Sehr geehrte Damen und Herren,

von obengenanntem Arbeitnehmer haben wir heute eine
Arbeitsunfähigkeitsbescheinigung für die Zeit vom 19. 07.–04. 08. 95 erhalten.
Da wir zuverlässig in Erfahrung bringen konnten, daß es sich bei der Krankheit
um die Folgen einer von Schwarz selbst verschuldeten tätlichen
Auseinandersetzung handelt, lehnen wir die Übernahme der Lohnfortzahlung ab.

Wir bitten um Kenntnisnahme.

Mit freundlichen Grüßen

Musterbrief 4.1.2

Sachverhalt

Obwohl der jugoslawische Arbeitnehmer Solz bereits seit 03. 08. 95 nicht mehr bei unserer Firma beschäftigt ist, erhalten wir weiterhin laufend Kindergeldzahlungen vom Arbeitsamt.

Aufgabe

Da offensichtlich die üblichen Mitteilungen über das Ausscheiden des Arbeitnehmers in den Kindergeld-Zahllisten nicht berücksichtigt wurden und wir immer wieder das Kindergeld überwiesen bekommen, schreiben wir diesbezüglich einen Brief an das Arbeitsamt Nürnberg, Kindergeldkasse. Darin sind die Kindergeldnummer, Name, Vorname, Austrittsdatum und Entlassungsgrund des Arbeitnehmers mit anzugeben.

Kindergeldzahlung Milan Solz

Sehr geehrte Damen und Herren,

wie Ihnen schon mehrfach über die Kindergeld-Zahllisten mitgeteilt wurde, ist der im Betreff genannte jugoslawische Arbeitnehmer bereits seit 03. 08. 95 nicht mehr bei unserer Firma beschäftigt.

Trotz unserer Mitteilungen haben wir mit jeder Zahlliste erneut das Kindergeld für obengenannten Arbeitnehmer überwiesen bekommen.

Solz wurde unter der Kindergeld-Nr. 735/4829 geführt und ist, wie bereits eingangs erwähnt, am 02. 08. 95 bei unserer Firma ausgeschieden.

Wir bitten um Überprüfung.

Mit freundlichen Grüßen

Musterbrief 4.1.3

Sachverhalt

Von unserem Arbeitnehmer Vollmar erhalten wir per Post eine Arbeitsunfähigkeitsbescheinigung für die Zeit vom 14. 08. bis 01. 09. 95 zugesandt. Wir haben jedoch in Erfahrung gebracht, daß Vollmar den Rohbau seines neuen Hauses einrüsten und verputzen will und daß in Wirklichkeit gar keine Krankheit vorliegt.

Aufgabe

Wir beauftragen die AOK Nürnberg, Vollmar zu einer vertrauensärztlichen Untersuchung vorzuladen und bitten, uns das Ergebnis dieser Untersuchung baldmöglichst mitzuteilen.

Arbeitsunfähigkeit des Arbeitnehmers
Wilhelm Vollmar, geb. 13. 09. 42
hier: Untersuchung durch Vertrauensarzt

Sehr geehrte Damen und Herren,

von unserem Arbeitnehmer Vollmar haben wir heute per Post eine Arbeitsunfähigkeitsbescheinigung für die Zeit vom 14. 08.–01. 09. 95 erhalten.

Aufgrund verschiedener Äußerungen Vollmars und anderer Kollegen konnten wir in Erfahrung bringen, daß Vollmar den Rohbau seines Neubaues einrüsten und verputzen will. Wir nehmen aus diesem Grund an, daß bei Herrn Vollmar keine Arbeitsunfähigkeit vorliegt, und bitten deshalb um sofortige vertrauensärztliche Vorladung.

Mit freundlichen Grüßen

Sachverhalt
Wir, die kaufmännische Geschäftsführung, Lohnbüro, erhalten vom Arbeitsamt einen Brief, worin uns mitgeteilt wird, daß der jugoslawische Arbeitnehmer Boksic bereits seit 01. 08. 95 ohne gültige Arbeitserlaubnis bei der ARGE »Bürozentrum Fürther Straße« in Nürnberg beschäftigt ist, und worin außerdem eine Geldstrafe angedroht wird.
Soweit es von der lohnrechnenden Stelle in Zusammenarbeit mit dem Baukaufmann möglich ist, wird der Vorwurf überprüft und der Sachverhalt als zutreffend befunden.

Aufgabe
Boksic ist ein Arbeitnehmer der technischen Geschäftsführung. Wir teilen dies dem Arbeitsamt mit und bitten um Kontaktaufnahme mit dem Lohnbüro der technischen Geschäftsführung (Anschrift angeben). Außerdem lehnen wir die Verantwortung für den Bereich unserer Firma und der Baustelle ab.

Arbeitnehmer Stipe Boksic
hier: Arbeitserlaubnis

Sehr geehrte Damen und Herren,

wir bestätigen den Erhalt Ihres Schreibens, in dem sie uns mitteilen, daß der im Betreff genannte jugoslawische Arbeitnehmer bereits seit 01. 08. 95 ohne gültige Arbeitserlaubnis bei der ARGE Bürozentrum beschäftigt werde, und uns für dieses Vergehen eine Geldstrafe androhen.

Hierzu teilen wir Ihnen mit, daß Herr Boksic von der bei der ARGE beteiligten Firma Müller & Schmitt Bau AG, Bauvereinstraße 377, Nürnberg, abgeordnet wurde und daß jede abordnende Firma selbst für ihr Personal verantwortlich ist. Setzen sie sich in vorgenannter Angelegenheit bitte direkt mit der Firma Müller & Schmitt in Verbindung.

Wir lehnen eine mögliche Verwarnung oder Geldstrafe für den Bereich unserer Firma und für die Baustelle ab und betrachten die Sache als für uns erledigt.

Mit freundlichen Grüßen

Musterbrief 4.1.5

Sachverhalt
Vom Arbeitsgericht Webersdorf erhalten wir per Post einen Pfändungs- und Überweisungsbeschluß für einen Arbeitnehmer namens Heinrich Klostermann.

Aufgabe
Wir teilen dem Amtsgericht Webersdorf in einem Schreiben mit, daß wir vorgenannten Pfändungs- und Überweisungsbeschluß erhalten haben, weisen aber darauf hin, daß ein Arbeitnehmer Heinrich Klostermann weder bei unserer Firma beschäftigt ist noch war. Wir betrachten die Angelegenheit damit für uns als erledigt.

Pfändungs- und Überweisungsbeschluß für Herrn Heinrich Klostermann

Sehr geehrte Damen und Herren,

obigen Pfändungs- und Überweisungsbeschluß für Herrn Heinrich Klostermann haben wir heute erhalten.

Wir müssen Ihnen jedoch leider mitteilen, daß ein Arbeitnehmer namens Klostermann derzeit nicht bei unserer Firma beschäftigt ist und auch in der Vergangenheit nicht war.

Wir betrachten die Angelegenheit als für uns erledigt.

Mit freundlichen Grußen

4.2 Briefe an Auszubildende oder im Zusammenhang mit Auszubildenden

Musterbrierf 4.2.1

Sachverhalt

Der Schüler Willi Schmidt, Heuchlinger Str. 3, Hersbruck, hat sich in einem Schreiben vom 24. 05. 95 um einen Ausbildungsplatz für den Beruf des Industriekaufmanns bei unserer Firma beworben.

Aufgabe

Wir bitten Herrn Schmidt am 06. 06. 95 zu einem persönlichen Gespräch in unser Niederlassungsbüro Nürnberg. Um pünktliches Erscheinen um 14.00 Uhr wird gebeten.

Ihre Bewerbung vom 24. 05. 95

Sehr geehrter Herr Schmidt,

bezugnehmend auf Ihr Schreiben vom 24. 05. 95 laden wir Sie am 06. 06. 95 um 14.00 Uhr zu einem persönlichen Gespräch in unser Niederlassungsbüro, Adlerstraße 396, Nürnberg, ein.

Wir bitten Sie, mit den üblichen Bewerbungsunterlagen wie Lebenslauf, Schulzeugnisse etc. bei unserem Ausbildungsleiter, Herrn Schmittlenz, vorzusprechen.

Mit freundlichen Grüßen

Musterbrief 4.2.2

Sachverhalt
Bei unserer Firma sind ab 01. 09. 95 insgesamt drei Auszubildende beschäftigt, die in der Berufsschule 4 in Nürnberg unterrichtet werden.
Im einzelnen handelt es sich um:
Günther Abele, geb. 13. 12. 1977, bisher Klasse IK 11 F
Karin Bald, geb. 15. 01. 1978, Neueinstellung
Hugo Cramer, geb. 20. 06. 1979, Neueinstellung.
Wir, die Ausbildungsfirma, hätten es gerne, wenn uns immer zwei Auszubildende zur Verfügung stehen würden.

Aufgabe
Vorgenannten Sachverhalt teilen wir in einem Schreiben der Berufsschule 4 mit und bitten, den Unterricht möglichst so zu legen, daß unserem Wunsch entsprochen werden kann.

Unterrichtszeiten für Auszubildende

Sehr geehrte Damen und Herren,

ab 01. 09. 95 beschäftigen wir drei Auszubildende, die bei Ihnen, in der Berufsschule 4, unterrichtet werden.

Soweit es möglich ist, bitten wir, den Unterricht so zu legen, daß unserer Firma immer zwei Auszubildende zur Verfügung stehen.

Im einzelnen handelt es sich um:

Abele, Günther, geb. 13. 12. 77, bisher Klasse IK 11 F
Bald, Karin, geb. 15. 01. 78, Neueinstellung
Cramer, Hugo, geb. 20. 06. 79, Neueinstellung

Wir danken für Ihr Verständnis und Entgegenkommen.

Mit freundlichen Grüßen

Musterbrief 4.2.3

Sachverhalt
Aufgrund seiner Bewerbung und des persönlichen Vorstellungsgesprächs soll der Schüler Norbert Wild ab 01. 09. 95 einen Berufsausbildungsvertrag zum Industriekaufmann erhalten.

Aufgabe
Mit einem Anschreiben schicken wir Herrn Wild einen Berufsausbildungsvertrag in zweifacher Ausfertigung zu mit der Bitte, diesen zu unterschreiben, ebenso seine Eltern unterschreiben zu lassen und den Vertrag zur Vorlage bei der IHK wieder an uns zurückzusenden.

Berufsausbildungsvertrag

Sehr geehrter Herr Wild,

aufgrund Ihrer schriftlichen Bewerbung und des mit Ihnen persönlich geführten Gesprächs erhalten Sie ab 01. 09. 95 einen Berufsausbildungsvertrag zum Industriekaufmann.

Wir bitten Sie und Ihre Eltern, den Vertrag zu unterschreiben und komplett an uns zurückzusenden, da er zwecks Registrierung bei der IHK vorgelegt werden muß.

Wir bitten um baldige Rückgabe der Unterlagen und hoffen auf eine gute Zusammenarbeit.

Mit freundlichen Grüßen

Musterbrief 4.2.4

Sachverhalt

Der Auszubildende Heinrich Kammerer schließt am 25. 01. 95 seine Lehre erfolgreich ab und verpflichtet sich unmittelbar danach, 2 Jahre im Ausland für unsere Firma zu arbeiten.

Aufgabe

Mit einem kurzen Anschreiben übersenden wir Herrn Kammerer sein Lehrzeugnis in 3facher Ausfertigung an seine Heimatanschrift.

Lehrzeugnis

Sehr geehrter Herr Kammerer,

wegen Ihres raschen Entschlusses, sich unmittelbar nach Beendigung Ihrer Lehrzeit für einen Auslandseinsatz zu verpflichten, konnten wir Ihnen Ihr Lehrzeugnis leider nicht mehr persönlich aushändigen.

Hiermit übersenden wir Ihnen dieses in 3facher Ausfertigung und verbleiben mit freundlichen Grüßen

Anlage

Sachverhalt
Wir erhalten den Ausbildungsvertrag des Auszubildenden Wild von der IHK Nürnberg bearbeitet und registriert zurück.

Aufgabe
Mit einem Anschreiben übersenden wir Herrn Wild das Original des Berufsausbildungsvertrages nach Registrierung bei der IHK.

Berufsausbildungsvertrag

Sehr geehrter Herr Wild,

in der Anlage erhalten Sie das Original des mit Ihnen abgeschlossenen und von der IHK geprüften und registrierten Berufsausbildungsvertrages zum Verbleib.

Mit freundlichen Grüßen

Anlage

Musterbrief 4.2.6

Sachverhalt

Der Auszubildende Hubert Schmoll wurde bereits mehrfach erfolglos aufgefordert, sein Berichtsheft zu komplettieren und vorzulegen.

Aufgabe

In einem Brief fordern wir Herrn Schmoll letztmalig auf, am 21. 08. 95 sein Berichtsheft komplett, einschließlich des Berichtes für die 33. Kalenderwoche, vorzulegen. Sollte dies erneut nicht der Fall sein, sehen wir uns dazu gezwungen, eine erste schriftliche Verwarnung auszusprechen.

Berichtsheft

Sehr geehrter Herr Schmoll,

bereits mehrfach wurden Sie daran erinnert, das für die Zulassung zur Prüfung erforderliche Berichtsheft vollständig vorzulegen.

Da alle Gespräche bisher ohne Erfolg geblieben sind, fordern wir Sie hiermit letztmalig auf, Ihre Tätigkeitsberichte komplett, einschließlich des Berichtes für die 33. Kalenderwoche, am 21. 08. 95 vorzulegen.

Sollte Ihnen dies wiederum nicht möglich sein, würden wir uns leider dazu veranlaßt sehen, eine erste schriftliche Verwarnung auszusprechen.

Wir appellieren an Ihre Einsicht und verbleiben

mit freundlichen Grüßen

Sachverhalt

Der Auszubildende Werner Müllermeier, geb. 13. 09. 77, hat am 15. 02. 95 erfolgreich die IHK-Prüfung abgelegt und ist somit ab sofort nicht mehr verpflichtet, die Berufsschule zu besuchen.

Aufgabe

Unter Hinweis auf obigen Sachverhalt melden wir Herrn Müllermeier zum 15. 02. 95 vom Unterricht in der Berufsschule 4 ab.

Werner Müllermeier, geb. 13. 09. 1977, IK 12 F
hier: Abmeldung vom Berufsschulunterricht

Sehr geehrte Damen und Herren,

der im Betreff genannte Auszubildende hat am 15. 02. 95 erfolgreich seine Kaufmannsgehilfenprüfung bei der IHK Nürnberg abgelegt.

Wir melden Herrn Müllermeier mit 15. 02. 95 vom Berufsschulunterricht ab.

Wir bitten um Kenntnisnahme.

Mit freundlichen Grüßen

Musterbrief 4.2.8

Sachverhalt
Der Auszubildende Herbert Weber soll in der Zeit vom 14. 08. bis 25. 08. 95 in unserer Niederlassung Bremen eingesetzt werden und dort hauptsächlich Einblicke in die ARGE-Buchhaltung und kurz auch in die Abteilungen Rechnungsprüfung, Einkauf, interne und externe Verrechnung und Lohnbüro erhalten. Diese Vereinbarung wurde mit Herrn Schott von der Niederlassung Bremen am 04. 08. 95 telefonisch getroffen.

Aufgabe
Unter Hinweis auf vorgenannten Sachverhalt bestätigen wir das mit Herrn Schott geführte Telefonat und bitten außerdem, dem Auszubildenden Weber für die Zeit seines Aufenthaltes ein Zimmer in einer Pension zu besorgen, möglichst in der Nähe des Niederlassungsbüros, da er kein Fahrzeug besitzt.

Einsatz des Auszubildenden Herbert Weber

Sehr geehrter Herr Schott,

wir bestätigen das am 04. 08. 95 mit Ihnen geführte Telefonat, in dem vereinbart wurde, daß unser Auszubildender Weber in der Zeit vom 14. 08.–25. 08. 95 in Ihrer Niederlassung Bremen zum Einsatz kommen soll.

Wie besprochen soll Weber hauptsächlich in der ARGE-Buchhaltung eingesetzt werden, aber auch Einblicke in die Abteilungen Rechnungsprüfung, Einkauf, interne und externe Verrechnung und Lohnbüro erhalten.

Für die Dauer des Einsatzes bitten wir um Reservierung eines Zimmers. Da Herr Weber nicht motorisiert ist, wäre die Unterbringung in einer der Niederlassung nahegelegenen Pension wünschenswert.

Wir danken für Ihre Bemühungen.

Mit freundlichen Grüßen

Sachverhalt

Die Auszubildende Irmgard Plech wird im November 1995 die IHK-Zwischenprüfung ablegen. Hierzu muß sie bei der IHK angemeldet werden.

Aufgabe

Für Fräulein Plech, Ident.-Nr. 3 9485 49567 22, wird das von der IHK zugesandte Anmeldeformular ausgefüllt und mit einem Schreiben wieder an die IHK zurückgesandt. Wir schreiben außerdem, daß bei eventuellen Unklarheiten unser Ausbilder, Herr Klein, jederzeit zur Beantwortung der Fragen zur Verfügung steht.

Zwischenprüfung November 1995
hier: Irmgard Plech, Ident-Nr. 3 9485 49567 22

Sehr geehrte Damen und Herren,

anliegend reichen wir Ihnen das für die Zwischenprüfung erforderliche Formular ausgefüllt und unterschrieben zurück.

Bei eventuellen Unklarheiten oder Rückfragen bitten wir, sich telefonisch mit unserem Ausbilder, Herrn Klein, in Verbindung zu setzen.

Mit freundlichen Grüßen

Anlage

Musterbrief 4.2.10

Sachverhalt

In der Zeit vom 03. 04. 95 bis 14. 04. 95 findet im Ausbildungszentrum des Bayerischen Bauindustrieverbandes in Wetzendorf der Lehrgang Nr. 9–1738 für kaufmännisch Auszubildende statt. Unser Auszubildender Clemens Schmittkunz soll an diesem Lehrgang teilnehmen.

Aufgabe

Da uns keine Anmeldeformulare zu vorgenanntem Kurs vorliegen, melden wir unseren Auszubildenden, Herrn Schmittkunz, mit einem Schreiben zu diesem Lehrgang an. Anzugeben sind u. a. auch sämtliche Personaldaten von Herrn Schmittkunz.

Lehrgang Nr. 9-1738 vom 03. 04.–14. 04. 95

Sehr geehrte Damen und Herren,

für den in Ihrem Ausbildungszentrum in der Zeit vom 03. 04.–14. 04. 95 stattfindenden Lehrgang melden wir hiermit unseren Auszubildenden Clemens Schmittkunz an.

Herr Schmittkunz ist am 16. 08. 1977 geboren, befindet sich im 2. Ausbildungsjahr und ist wohnhaft in der Albert-Müller-Straße 13, Nürnberg.

Die Teilnahme an dem Kurs ist »extern«, da der Auszubildende problemlos täglich seine elterliche Wohnung erreichen kann.

Mit freundlichen Grüßen

Musterbrief 4.2.11

Sachverhalt
Am 10. 04., 13. 04., 18. 04. und 21. 04. 95 findet in unserer Firma ein betriebsinterner Lehrgang für kaufmännisch Auszubildende statt.

Aufgabe
Unter Hinweis auf vorgenannten Sachverhalt bitten wir die Direktion der Berufsschule 4, unsere Auszubildenden
Eugen Cramer, geb. 12. 03. 77, Klasse IK 10 F,
Kurt Petri, geb. 16. 08. 76, Klasse IK 11 F, und
Peter Kelb, geb. 12. 09. 75, Klasse IK 12 F,
vom Unterricht freizustellen.

Freistellung vom Berufsschulunterricht

Sehr geehrte Damen und Herren,

für unsere Auszubildenden findet am 10. 04., 13. 04., 18. 04. und 21. 04. 95 eine betriebsinterne Schulung statt.

Wir bitten deshalb, unsere Auszubildenden

Eugen Cramer, geb. 12. 03. 77, IK 10 F
Kurt Petri, geb. 16. 08. 76, IK 11 F
Peter Kelb, geb. 12. 09. 75, IK 12 F

an oben genannten Terminen vom Berufsschulunterricht freizustellen.

Wir danken für Ihr Verständnis und Entgegenkommen.

Mit freundlichen Grüßen

Musterbrief 4.2.12

Sachverhalt
Wir erhalten von Herrn Albert Dotter Bewerbungsunterlagen zur Ausbildung als Industriekaufmann. Der Ausbildungsplatz ist jedoch bereits besetzt.

Aufgabe
In einem Schreiben teilen wir Herrn Dotter vorgenannten Sachverhalt kurz mit, bedanken
uns für die Bewerbung und geben in der Anlage die uns zugesandten Bewerbungsunterlagen zu unserer Entlastung zurück.

Bewerbung zur Ausbildung zum Industriekaufmann

Sehr geehrter Herr Dotter,

wir danken für die Zusendung Ihrer Bewerbungsunterlagen zur Ausbildung zum
Industriekaufmann, müssen Ihnen jedoch mitteilen, daß der zu besetzende Platz
bereits vergeben ist.

Die uns überlassenen Bewerbungsunterlagen geben wir Ihnen in der Anlage zu
unserer Entlastung zurück.

Wir wünschen Ihnen für Ihre weiteren Bewerbungen mehr Erfolg.

Mit freundlichen Grüßen

Anlage

Musterbrief 4.2.13

Sachverhalt
Der Auszubildende Siegfried Lehrer wird trotz einer vorliegenden Arbeitsunfähigkeitsbescheinigung (verstauchter Knöchel) am Abend tanzend in einer Discothek angetroffen.

Aufgabe
Vorgenanntes teilen wir der Krankenkasse von Herrn Lehrer mit, gleichzeitig lehnen wir die Zahlung der Lohnfortzahlung ab und bitten, Herrn Lehrer zu einer vertrauensärztlichen Untersuchung vorzuladen.

Siegfried Lehrer, geb. 12. 09. 77
hier: Arbeitsunfähigkeitsbescheinigung vom 14. 08.– 01. 09. 1995

Sehr geehrte Damen und Herren,

unser Auszubildender Siegfried Lehrer, geb. 12. 09. 77, wurde trotz einer vorliegenden Arbeitsunfähigkeitsbescheinigung für die Zeit vom 14. 08.–01. 09. 95 am Abend des 16. 08. 95 tanzend in einer Discothek angetroffen.

Da Herr Lehrer, wie er uns selbst mitteilte, wegen eines verstauchten Knöchels krankgeschrieben ist, lehnen wir aufgrund vorgenannten Sachverhaltes die Gewährung der Lohnfortzahlung ab und bitten, Herrn Lehrer zu einer vertrauensärztlichen Untersuchung vorzuladen.

Für eine baldige Mitteilung des Ergebnisses danken wir sehr herzlich und verbleiben

mit freundlichen Grüßen

Musterbrief 4.2.14

Aufgabe zu Sachverhalt Fall 4.2.13

In einem Schreiben fordern wir den Auszubildenden Lehrer dazu auf, vorgenannten Sachverhalt zu klären und dazu Stellung zu nehmen. Sollte Herr Lehrer dazu nicht in der Lage sein, würden wir uns dazu veranlaßt sehen, eine erste schriftliche Verwarnung auszusprechen.

Ihre Arbeitsunfähigkeitsbescheinigung

Sehr geehrter Herr Lehrer,

Sie wurden gestern abend von unserem Ausbildungsleiter Herrn Kohlmann tanzend in einer Discothek angetroffen, obwohl Sie wegen eines angeblich verstauchten Knöchels krankgeschrieben sind.

Sollte es Ihnen nicht möglich sein, für diese Tatsache eine plausible Erklärung abzugeben, sehen wir uns dazu veranlaßt, Ihnen eine erste schriftliche Verwarnung zu erteilen.

Wir machen Sie darauf aufmerksam, daß wir bis zur Klärung dieser Angelegenheit die Übernahme der Lohnfortzahlung verweigern werden.

Ihre Antwort erwarten wir bis 21. 08. 1995.

Mit freundlichen Grüßen

Aufgabe zu Sachverhalt Fall 4.2.13
Zur Information schreiben wir einen Brief an die Eltern von Herrn Lehrer und bitten diese,
auf ihren Sohn einzuwirken, daß derartige Dinge sich nicht wiederholen.

Arbeitsunfähigkeitsbescheinigung Ihres Sohnes

Sehr geehrte Frau Lehrer,
sehr geehrter Herr Lehrer,

wie Ihnen vielleicht bekannt ist, wurde Ihr Sohn Siegfried trotz Vorliegens einer
Arbeitsunfähigkeitsbescheinigung gestern abend tanzend in einer Discothek
angetroffen.

Wir haben sowohl die Krankenkasse als auch Ihren Sohn davon in Kenntnis
gesetzt, daß wir bis zur Klärung dieser Angelegenheit die Übernahme der
Lohnfortzahlung verweigern werden.

Ihr Sohn wurde außerdem um Abgabe einer schriftlichen Stellungnahme gebeten.

Wir bitten Sie, dahingehend auf Ihren Sohn einzuwirken, daß sich ein derartiges
Verhalten künftig nicht mehr wiederholen wird, da wir sonst das Fortbestehen des
Lehrverhältnisses stark gefährdet sehen.

Mit freundlichen Grüßen

Musterbrief 4.2.16

Sachverhalt
Der Auszubildende Otto Schwarm kommt – trotz mehrfacher Ermahnung – fast täglich zu spät zur Arbeit.

Aufgabe
Wir erteilen dem Auszubildenden Schwarm deshalb eine erste schriftliche Verwarnung und weisen darauf hin, daß bei drei Verwarnungen u. U. das Lehrverhältnis durch den Arbeitgeber beendet werden kann.

Verwarnung

Sehr geehrter Herr Schwarm,

trotz mehrfacher Ermahnungen (am 16. 08., 18. 08., 23. 08. und 25. 08. 95) sind Sie in den letzten Wochen wiederholt zu spät zur Arbeit erschienen. Wir sehen uns deshalb veranlaßt, Ihnen hiermit eine erste schriftliche

Verwarnung

auszusprechen.

Wir möchten außerdem nochmals zum Ausdruck bringen, daß wir Ihr Verhalten unkorrekt und den pünktlich erscheinenden Kollegen gegenüber als unfair betrachten.

Bitte nehmen Sie zur Kenntnis, daß bei drei erteilten Verwarnungen das Lehrverhältnis durch den Arbeitgeber beendet werden kann.

Wir hoffen künftig auf eine problemlosere Zusammenarbeit.

Mit freundlichen Grüßen

Musterbrief 4.2.17

Sachverhalt

Wir erhalten von der Berufsschule einen Brief, worin uns mitgeteilt wird, daß unser Auszubildender Sigbert Müller ein sehr schlechtes Benehmen an den Tag legt, den Unterricht stört und auch sonst aufsässig ist und keinerlei Interesse zeigt.

Aufgabe

Herr Müller erhält daraufhin eine erste Ermahnung, welche ihm per Post zugesandt wird. Wir führen darin sämtliche Gründe der Berufsschule an und teilen außerdem mit, daß wir eine sofortige Besserung erwarten, da wir sonst die vertragliche Fortführung des Lehrverhältnisses stark gefährdet sehen.

Ermahnung

Sehr geehrter Herr Müller,

vom Direktorat Ihrer Berufsschule haben wir heute die Mitteilung erhalten, daß Sie sich während des Berufsschulunterrichts sehr störend verhalten und keinerlei Interesse zeigen.

Aufgrund dieser Tatsachen sehen wir uns leider dazu veranlaßt, Ihnen eine erste schriftliche

Ermahnung

auszusprechen.

Die Fortführung und Beendigung Ihres Lehrverhältnisses ist unserer Meinung nach stark gefährdet, da Ihr Betragen auch im Betrieb zu wünschen übrigläßt.

Wir bitten Sie deshalb, Ihr Verhalten zu ändern, damit es künftig keinen Grund zur Beanstandung mehr gibt.

Mit freundlichen Grüßen

Musterbrief 4.2.18

Aufgabe zu Sachverhalt Fall 4.2.17
In einem zweiten Schreiben benachrichtigen wir zur Information die Eltern von Herrn Müller und bitten, auf ihren Sohn einzuwirken, daß sich dieser ab sofort bessert. Sollte sich nichts ändern, ist die Fortsetzung und ordnungsgemäße Beendigung des Lehrverhältnisses sehr fraglich und stark gefährdet.

Betragen Ihres Sohnes

Sehr geehrte Frau Müller,
sehr geehrter Herr Müller,

wegen sehr ungebührlichen, schlechten Verhaltens und aufgrund einer Mitteilung der Berufsschule sahen wir uns heute leider dazu veranlaßt, Ihrem Sohn eine erste schriftliche Ermahnung zu erteilen.

Sollte sich das Benehmen und Interesse Ihres Sohnes an der Ausbildung nicht stark wandeln, sehen wir die Fortsetzung und ordnungsgemäße Beendigung des Ausbildungsverhältnisses als sehr gefährdet an.

Auch in Ihrem Interesse bitten wir Sie, Ihren Sohn dahingehend zu beeinflussen, daß wir künftig keinen Anlaß mehr zur Beschwerde haben.

Mit freundlichen Grüßen

Musterbrief 4.2.19

Sachverhalt

In einem Schreiben der Berufsschule 4 wird uns mitgeteilt, daß unser Auszubildender Fred Käferlein am letzten Schultag vor den Sommerferien unentschuldigt dem Unterricht ferngeblieben ist. Nachdem Herr Käferlein unmittelbar nach dem letzten Schultag für 3 Wochen in Urlaub ging, konnte er nicht mehr persönlich befragt werden.

Aufgabe

Unter Hinweis auf das Schreiben der Berufsschule bitten wir Herrn Käferlein schriftlich um Stellungnahme und Erklärung, warum er am letzten Schultag nicht am Unterricht teilgenommen hat.

Unentschuldigtes Fehlen

Sehr geehrter Herr Käferlein,

vom Direktorat der Berufsschule 4 erhielten wir heute die schriftliche Mitteilung, daß Sie am letzten Schultag vor den Sommerferien unentschuldigt dem Unterricht ferngeblieben sind.

Da Sie unmittelbar nach Beendigung des Schuljahres und zu Beginn der Sommerferien Urlaub beantragt haben und deshalb nicht persönlich befragt werden konnten, bitten wir hiermit um eine sofortige schriftliche Stellungnahme zu dem Vorwurf der Berufsschule und um eine Erklärung, warum Sie dem Unterricht ferngeblieben sind.

Mit freundlichen Grüßen

Musterbrief 4.2.20

Aufgabe zu Sachverhalt Fall 4.2.19
In Beantwortung unseres Schreibens erhalten wir von Herrn Käferlein eine Arbeitsunfähigkeitsbescheinigung für den fraglichen Zeitraum zugesandt. Wir teilen in einem Schreiben der Berufsschule mit, daß Herr Käferlein wegen bestätigter Krankheit am letzten Schultag nicht mehr am Unterricht teilnehmen konnte und deshalb für diesen Tag entschuldigt ist.

Unentschuldigtes Fehlen von Herrn Käferlein
hier: Ihr Schreiben vom 23. 08. 95

Sehr geehrte Damen und Herren,

auf Ihr Schreiben vom 23. 08. 95 teilen wir Ihnen mit, daß Herr Käferlein infolge Krankheit am letzten Schultag nicht mehr am Unterricht teilnehmen konnte.

Eine vom Arzt ausgestellte Arbeitsunfähigkeitsbescheinigung wurde uns von Herrn Käferlein zugesandt und liegt vor.

Wir hoffen die Angelegenheit damit bereinigt zu haben und verbleiben

mit freundlichen Grüßen

4.3 Briefe direkt an das Personal

Musterbrief 4.3.1

Sachverhalt

Der jugoslawische Arbeitnehmer Savicic befindet sich im Heimaturlaub, der jedoch am 03. 09. 95 beendet sein wird.
Herr Savicic soll am 04. 09. 95 die Arbeit auf unserer Baustelle »Kanal Pleinfeld« aufnehmen.

Aufgabe

Vorgenanntes wurde zwar bereits mündlich mit Herrn Savicic besprochen, vorsorglich teilen wir es jedoch nochmals schriftlich mit und bitten gleichzeitig um pünktliches Erscheinen.

Arbeitsaufnahme

Sehr geehrter Herr Savicic,

wie bereits mündlich mit Ihnen vereinbart, endet am 03. 09. 95 der von Ihnen beantragte Heimaturlaub.

Wegen erheblicher terminlicher Verpflichtungen bitten wir Sie, zuverlässig am 04. 09. 95 die Arbeit auf der Baustelle »Kanal Pleinfeld« aufzunehmen.

Um pünktliches Erscheinen wird dringend gebeten.

Mit freundlichen Grüßen

Musterbrief 4.3.2

Sachverhalt

Mit Schreiben vom 03. 08. 95 will der Polier, Herr Walter Flagelmeier, seinen aktuellen Urlaubsstand von uns wissen.

Aufgabe

Wir teilen Herrn Flagelmeier mit, daß er für das laufende Kalenderjahr noch insgesamt 24 Urlaubstage zu beanspruchen hat.

Urlaubsanspruch

Sehr geehrter Herr Flagelmeier,

bezugnehmend auf Ihr Schreiben vom 03. 08. 95 teilen wir Ihnen mit, daß Sie für das laufende Kalenderjahr noch einen Resturlaubsanspruch von 24 Tagen haben.

Mit freundlichen Grüßen

Musterbrief 4.3.3

Sachverhalt
Arbeitnehmer Gero Kylo, von Beruf Zimmermann, hat sich schriftlich um einen Arbeitsplatz bei unserer Firma beworben.

Aufgabe
Da derzeit keine Einsatzmöglichkeit besteht, lehnen wir diese Bewerbung höflich ab, bitten aber, aufgrund eines möglichen Auftragseingangs in ca. 6 Wochen nochmals telefonisch bei uns vorzusprechen und anzufragen.

Bewerbung als Zimmermann

Sehr geehrter Herr Kylo,

wir bestätigen hiermit den Erhalt Ihres Bewerbungsschreibens vom 01. 08. 95, müssen Ihnen jedoch leider mitteilen, daß derzeit keine Einsatzmöglichkeit für Sie besteht.

Da in Kürze ein neuer Auftrag zu erwarten ist, bitten wir Sie, in ca. 6 Wochen nochmals telefonisch Kontakt mit uns aufzunehmen.

Mit freundlichen Grüßen

Musterbrief 4.3.4

Sachverhalt
Nach Beendigung seiner Krankheit soll der Arbeitnehmer Fritz Müller die Arbeit wieder auf seiner alten Baustelle in Schnaittach aufnehmen.

Aufgabe
Vorgenanntes teilen wir Herrn Müller mit und bitten ihn bei Fortdauer der Krankheit um eine sofortige Nachricht an das Lohnbüro unserer Firma.

Arbeitsaufnahme

Sehr geehrter Herr Müller,

wie wir aus der uns vorliegenden Krankmeldung ersehen, könnten Sie am 28. 08. 95 Ihre Arbeit wieder aufnehmen.

Wir bitten Sie, sich an diesem Tag um 7.00 Uhr auf Ihrer letzten Einsatzstelle in Schnaittach zur Arbeitsaufnahme einzufinden.

Sollte sich Ihre Arbeitsunfähigkeit nochmals verlängern, bitten wir um sofortige telefonische Benachrichtung unseres Personalbüros.

Mit freundlichen Grüßen

Musterbrief 4.3.5

Sachverhalt
Arbeitnehmer Koffer fordert bei uns eine Bescheinigung zur Vorlage beim Finanzamt, aus der die im Jahre 1995 steuerfrei gezahlte Auslösung ersichtlich ist.

Aufgabe
Mit einem kurzen Begleitschreiben übersenden wir Koffer die von ihm gewünschte Bestätigung.

Bescheinigung zur Vorlage beim Finanzamt

Sehr geehrter Herr Koffer,

anbei übersenden wir Ihnen die gewünschte Bescheinigung, aus der die im Jahr 1995 von unserer Firma steuerfrei gezahlte Auslösung ersichtlich ist.

Mit freundlichen Grüßen

Anlage

Musterbrief 4.3.6

Sachverhalt

Der Arbeitnehmer Hanno Plechmeister hat gestern telefonisch fristlos zum 11. 09. 95 das mit unserer Firma bestehende Arbeitsverhältnis gekündigt.

Aufgabe

In einem kurzen Schreiben bestätigen wir Herrn Plechmeister die von ihm ausgesprochene Kündigung zum 11. 09. 95 und teilen ihm mit, daß wir mit dieser einverstanden sind und sie annehmen.

Ihre Kündigung zum 11. 09. 95

Sehr geehrter Herr Plechmeister,

wir bestätigen das gestern mit Ihnen geführte Telefonat, in dem Sie das mit unserer Firma bestehende Arbeitsverhältnis ohne Einhaltung einer Kündigungsfrist zum 11. 09. 95 gelöst haben.

Wir nehmen Ihre fristlose Kündigung hiermit an und erklären uns damit einverstanden.

Mit diesem Schreiben erhalten Sie eine vorläufige Arbeitsbescheinigung zur Vorlage beim Arbeitsamt und eine Zwischenbescheinigung mit Angaben über Ihre Arbeitspapiere.

Mit freundlichen Grüßen

Anlagen

Musterbrief 4.3.7

Sachverhalt
Vor vier Wochen hatte sich der Zimmermann Ludwig König um einen Arbeitsplatz bei unserer Firma beworben und damals von uns einen negativen Bescheid erhalten. Da jetzt ein Arbeitnehmer unserer Firma einen schweren Verkehrsunfall erlitten hat, könnte König ab sofort diesen Arbeitsplatz auf unserer Baustelle in Hartmannshof einnehmen.

Aufgabe
Diese neue Sachlage teilen wir König mit und bieten ihm diesen für mindestens ein Jahr freigewordenen Arbeitsplatz an. Wir bitten um eine kurze telefonische Nachricht, ob er die Arbeit aufnehmen wird.

Ihre Bewerbung um Einstellung als Zimmermann

Sehr geehrter Herr König,

entgegen der Ihnen bereits vor 4 Wochen zugesandten Nachricht können wir Ihnen ab sofort einen Arbeitsplatz als Zimmermann in unserer Firma anbieten.

Da ein Arbeitnehmer unserer Firma infolge eines schweren Verkehrsunfalles für ein Jahr seinen Beruf nicht mehr ausüben kann, können Sie ab sofort die Arbeit auf unserer Baustelle in Hartmannshof aufnehmen.

Auch im Falle einer eventuell negativen Entscheidung wären wir für eine kurze telefonische Benachrichtigung unseres Lohnbüros sehr dankbar.

Wie hoffen jedoch, Sie als neuen Mitarbeiter unserer Firma begrüßen zu können.

Mit freundlichen Grüßen

Musterbrief 4.3.8

Sachverhalt
Unser Arbeitnehmer Nürnberger erhält eine fristlose Kündigung, da er nachweislich firmeneigene Kleinmaschinen und Geld von Arbeitskollegen gestohlen hat.

Aufgabe
Unter Hinweis auf vorgenannten Sachverhalt formulieren wir eine fristlose Kündigung an Nürnberger, worin wir außerdem darauf hinweisen, daß wir uns eine Schadenersatzklage vorbehalten.

Fristlose Kündigung

Sehr geehrter Herr Nürnberger,

da Sie nachweislich firmeneigene Kleinmaschinen und Bargeld Ihrer Arbeitskollegen entwendet haben, sehen wir uns dazu veranlaßt, das mit Ihnen bestehende Arbeitsverhältnis fristlos mit dem heutigen Tag zu beenden.

Zur Abdeckung des durch Sie entstandenen Schadens behalten wir uns eine Schadenersatzklage vor.

Eine Zwischenbescheinigung mit Angaben über Ihre Arbeitspapiere sowie eine vorläufige Arbeitsbescheinigung zur Vorlage beim Arbeitsamt liegen diesem Schreiben bei.

Wir übersenden Ihnen Ihre Nettolohnabrechnung und Ihre Arbeitspapiere nach Abschluß der Lohnabrechnung.

Hochachtungsvoll

Anlagen

Musterbrief 4.3.9

Sachverhalt
Der Arbeitnehmer Udo Zimmers hält sich trotz mehrfacher Ermahnung nicht an die Wohnlagerordnung. Er hat in angetrunkenem Zustand ARGE-Eigentum (Bettwäsche) zerstört
und nach 22.00 Uhr in der übelsten Weise randaliert.

Aufgabe
Herr Zimmers erhält daraufhin eine erste schriftliche Verwarnung unter Hinweis auf vorgenannten Sachverhalt. Außerdem machen wir ihn darauf aufmerksam, daß wir uns bei
nochmaliger Beschwerde dazu gezwungen sehen, seinen Ausschluß aus dem Wohnlager
zu veranlassen.
Wir bitten ihn, fairerweise auch einmal an die Kollegen zu denken, und geben zur Information nochmals eine Wohnlagerordnung bei.

Verwarnung

Sehr geehrter Herr Zimmers,

trotz mehrfacher Ermahnungen stören Sie fortwährend die Ordnung in unserem
Wohnlager. Nun haben sie in stark angetrunkenem Zustand die von uns gestellte
Bettwäsche zerstört und nach 22.00 Uhr randaliert.

Aufgrund vorgenannter Sachlage sehen wir uns dazu gezwungen, Ihnen eine erste
schriftliche

Verwarnung

auszusprechen.

Wir bitten außerdem zur Kenntnis zu nehmen, daß wir Sie bei nochmaligen
Beschwerden aus der Wohnlagergemeinschaft ausschließen müssen.
Bitte bedenken Sie auch, daß Ihre Kollegen unter Umständen andere Interessen
haben und möglicherweise mehr Ruhe benötigen als Sie.
Als nochmalige Information erhalten Sie beiliegend die Wohnlagerordnung,
welche Sie bitte eingehend durchlesen wollen.

Mit freundlichen Grüßen

Anlage

Musterbrief 4.3.10

Sachverhalt
Arbeitnehmer Ingo Schmitt fehlt seit 18. 08. 95 unentschuldigt.

Aufgabe
Herr Schmitt wird schriftlich gebeten, uns den Grund dafür mitzuteilen. Sollte er krank sein, bitten wir um sofortige Zusendung der Arbeitsunfähigkeitsbescheinigung.

Fernbleiben

Sehr geehrter Herr Schmitt,

seit 18. 08. 95 bleiben Sie ohne Angabe von Gründen der Arbeit fern.

Wir bitten Sie, uns den Grund Ihres Fernbleibens mitzuteilen und bei möglichem Vorliegen einer Krankheit um Zusendung Ihrer Arbeitsunfähigkeits-bescheinigung.

Wir erwarten Ihre Nachricht in den nächsten drei Tagen.

Mit freundlichen Grüßen

Aufgabe zu Sachverhalt Fall 4.1.1.
Aufgrund der uns bekannten Gründe, die zur Krankheit von Schwarz führten, teilen wir ihm mit, daß wir die Gewährung der Lohnfortzahlung verweigern werden. Die in Fall 4.1.1 erwähnten Gründe sind in dem Schreiben an Schwarz mit anzuführen.

Verweigerung der Lohnfortzahlung

Sehr geehrter Herr Schwarz,

da wir in Erfahrung bringen konnten, daß Ihre Arbeitsunfähigkeit für die Zeit vom 19. 07.–04. 08. 95 auf eine durch Sie verschuldete Schlägerei zurückzuführen ist, verweigern wir die Übernahme der Lohnfortzahlung für diesen Zeitraum.

Wir bitten um Kenntnisnahme.

Mit freundlichen Grüßen

Musterbrief 4.3.12

Sachverhalt
Auf einer neuen Hochbaustelle im Raum Nürnberg benötigen wir für die nächsten drei Jahre zusätzlich zu unserem Personalstamm noch fünf Zimmerleute und drei Maurer.

Aufgabe
Vorgenannten Sachverhalt teilen wir unserem früheren, bereits pensionierten Polier Wagnerberger mit und bitten diesen, in seiner Heimatstadt und in der Umgebung Leute für unsere Firma anzuwerben. Wir bezahlen Tariflohn und arbeitstägliche Auslösung sowie eine steuerfreie wöchentliche Familienheimfahrt.
Wir bitten um telefonische Mitteilung seiner Kosten und bedanken uns im voraus.

Einstellung

Sehr geehrter Herr Wagnerberger,

überraschend haben wir im Raum Nürnberg den Zuschlag für ein neues Hochbauprojekt bekommen und benötigen deshalb für die nächsten drei Jahre zusätzlich zum vorhandenen Personalstamm noch fünf Zimmerleute und drei Maurer.

Aufgrund der sehr hohen Arbeitslosenzahlen im Bereich Ihrer Heimatstadt bitten wir Sie, dort zu versuchen, Mitarbeiter mit vorgenannter beruflicher Qualifikation für unsere Firma zu bekommen.

Wir bieten Zahlung des Tariflohnes für Spezialbaufacharbeiter, arbeitstägliche Auslösung sowie eine steuerfreie wöchentliche Familienheimfahrt.

Wir bitten um telefonische Nachricht, inwieweit es Ihnen möglich ist, Arbeitskräfte für unsere Firma zu bekommen, und in welcher Höhe sich Ihre Aufwendungen belaufen.

Wir bedanken uns im voraus, daß Sie auch während Ihres wohlverdienten Ruhestandes für uns tätig sind, und verbleiben

mit freundlichen Grüßen

Musterbrief 4.3.13

Sachverhalt

Bei Durchsicht unserer Stundenberichte, die von den Polieren täglich zu erstellen und dem Lohnbüro zuzuleiten sind, stellen wir am 28. 08. 95 fest, daß die Berichte des Poliers Osterhuber nur bis einschließlich 03. 08. 95 vorliegen.

Aufgabe

Herr Osterhuber wird schriftlich von vorgenanntem Mißstand unterrichtet und um sofortige Zusendung der noch fehlenden Berichte gebeten. Außerdem ordnen wir an, daß die Stundenberichte künftig wöchentlich dem Lohnbüro vorzuliegen haben, da sonst eine korrekte und sachlich richtige Lohnabrechnung nicht mehr garantiert werden kann.

Fehlende Stundenberichte

Sehr geehrter Herr Osterhuber,

heute, am 28. 08. 95, mußten wir feststellen, daß die täglich von Ihnen zu erstellenden Stundenberichte lediglich bis 03. 08. 95 in unserem Lohnbüro vorliegen.

Wir bitten um sofortige Zusendung der noch fehlenden Unterlagen und ordnen für die Zukunft an, daß die Stundenberichte – pünktlich und zuverlässig – jede Woche dem Lohnbüro zuzuleiten sind.

Bei Nichteinhaltung dieser Anordnung kann eine korrekte und sachlich richtige Lohnabrechnung künftig nicht mehr garantiert werden.

Wir bitten um dringende Beachtung und erwarten Ihre Mitarbeit.

Mit freundlichen Grüßen

Musterbrief 4.3.14

Sachverhalt

Herr Wolf hat sich bei unserer Firma vor 14 Tagen um einen Arbeitsplatz als Maurer beworben, aber seit dem Telefongespräch nichts mehr von sich hören lassen.

Aufgabe

Nachdem wir Herrn Wolf bereits eine telefonische Einstellungszusage gegeben hatten, schreiben wir ihn nochmals an mit der Bitte um Zusendung einer Fotokopie seines Gesellenbriefes und um Mitteilung, ob und ab wann er die Arbeit aufnehmen könnte.

Ihre Bewerbung als Maurer

Sehr geehrter Herr Wolf,

vor ca. 14 Tagen haben Sie sich telefonisch bei unserer Personalabteilung um eine Beschäftigung als Maurer beworben.

Nachdem wir Ihnen bereits damals eine telefonische Einstellungszusage gegeben und um Zusendung Ihres Gesellenbriefes gebeten haben, Sie sich jedoch seit diesem Zeitpunkt nicht mehr bei uns meldeten, möchten wir nochmals auf eine mögliche Einstellung bei unserer Firma zurückkommen.

Wir bitten um Mitteilung, ob und wann Sie die Arbeit aufnehmen können. Für eine baldige Benachrichtigung wären wir sehr dankbar.

Mit freundlichen Grüßen

4.4 Sonstige Briefe im Zusammenhang mit dem Personal

Musterbrief 4.4.1

Sachverhalt
Am 16. 08. 95 um 19.00 Uhr findet in der Gaststätte Müller-Bräu, Bergstraße 18, Nürnberg, ein Informationsabend der Firma Kolb über neu auf dem Markt befindliche Baumaschinen und Geräte statt.

Aufgabe
Die Geschäftsleitung unserer Firma schreibt diesbezüglich eine Einladung an alle Mitarbeiter und bittet um Bekanntgabe bis spätestens 14. 08. 95, wer an dieser etwa zwei Stunden dauernden Veranstaltung teilnehmen möchte, da die Plätze rechtzeitig reserviert werden müssen.

Einladung zu Informationsabend

Sehr geehrte Mitarbeiter und Kollegen,

am 16. 08. 95 veranstaltet die Firma Kolb um 19.00 Uhr in den Räumen der Gaststätte Müller-Bräu, Bergstraße 18, Nürnberg, einen Informationsabend über neu auf dem Markt befindliche Baumaschinen und Geräte.

Wir sind der Meinung, daß neue, technisch und ausgereiftere und bessere Maschinen jederzeit interessant für unseren Betrieb sind, und möchten Sie hiermit herzlichst zu dieser etwa zwei Stunden dauernden Veranstaltung einladen. Wir würden uns über ein zahlreiches Erscheinen sehr freuen.

Um eine rechtzeitige Voranmeldung und Reservierung der Plätze vornehmen zu können, bitten wir Sie, Ihre Teilnahmezusage bis spätestens 14. 08. 95 im Sekretariat der Geschäftsleitung abzugeben.

Für Ihr Interesse danken wir.

Mit freundlichen Grüßen

Musterbrief 4.4.2

Sachverhalt
Vor 6 Wochen ist der Arbeitnehmer Franz Hubmann in unsere Firma eingetreten. Wir haben noch immer keine Arbeitspapiere von ihm vorliegen.

Aufgabe
Nach Befragung Hubmanns über den Verbleib seiner Papiere schreiben wir an die vorige Firma, bei der Hubmann beschäftigt war, und bitten, nachdem Hubman bereits am 31. 05. 95 dort ausgeschieden ist, um sofortige Zusendung der fehlenden Arbeitspapiere.

Fehlende Arbeitspapiere
hier: Franz Hubmann

Sehr geehrte Damen und Herren,

vor sechs Wochen, am 31. 05. 95, ist der jetzt bei uns beschäftigte Arbeitnehmer Franz Hubmann bei Ihnen ausgeschieden und hat bis heute seine Arbeitspapiere nicht erhalten.

Wir bitten deshalb um sofortige Zusendung an unsere obige Anschrift.

Für Ihre Bemühungen und eine baldige Erledigung danken wir.

Mit freundlichen Grüßen

5 Schriftwechsel mit dem Bauherrn bzw. Auftraggeber

5.1 Briefe von der technischen Geschäftsführung an den Bauherrn

Musterbrief 5.1.1

Sachverhalt

Laut Ziffer 13 der »Besonderen Vertragsbedingungen« ist von unserer Firma vor Baubeginn eine Ausführungsbürgschaft in Höhe von 232.600,– DM an den Bauherrn zu übergeben. Der Bürgschein Nr. 3/4826 48 über vorgenannten Betrag wurde durch den Kautionsverein für das Deutsche Baugewerbe gestellt.

Aufgabe

Mit einem Anschreiben senden wir vorgenannte Bürgschaft, unter Hinweis auf obigen Sachverhalt, an den Bauherrn.

Ausführungsbürgschaft

Sehr geehrte Damen und Herren,

aufgrund Ziffer 13 der »Besonderen Vertragsbedingungen« haben wir die Ausführungsbürgschaft in Höhe von 232.600,– DM an Sie übergeben.

Den vom Kautionsverein für das Deutsche Baugewerbe ausgestellten Bürgschein Nr. 3/4826 48 über vorgenannten Betrag senden wir Ihnen zur Erfüllung unserer vertraglich vereinbarten Verpflichtungen anliegend zu.

Mit freundlichen Grüßen

Anlage

Musterbrief 5.1.2

Sachverhalt

Gemäß § 5 Nr. 2 VOB/B muß der Beginn der Bauarbeiten (Baustelleneinrichtung) dem Bauherrn schriftlich angezeigt werden.

Aufgabe

Wir teilen dem Bauherrn schriftlich mit, daß mit der technischen Bearbeitung am Tag nach der mündlichen Auftragserteilung vom 02. 08. 95 und mit der Bauausführung am 14. 08. 95 begonnen wurde bzw. wird.

Meldung über Beginn der Bauarbeiten

Sehr geehrte Damen und Herren,

aufgrund § 5 Nr. 2 Satz 3 VOB/B zeigen wir hiermit den Beginn der Arbeiten auf der Baustelle »Überführung Ostendstraße« an.

Am Tag nach der mündlichen Auftragserteilung vom 02. 08. 95 wurde mit der technischen Bearbeitung begonnen, und für den 14. 08. 95 ist der Beginn der Bauarbeiten (Baustelleneinrichtung) vorgesehen.

Wir bitten um Kenntnisnahme.

Mit freundlichen Grüßen

Musterbrief 5.1.3

Sachverhalt

Auf unserer Baustelle soll der Erdbau- und Baggerbetrieb Gustav Gans, Justusstraße 28, Obrigheim, als Nachunternehmer mit den Erdarbeiten beauftragt werden.

Aufgabe

Aufgrund § 4 Nr. 8 VOB/B bitten wir den Bauherrn um Genehmigung, obigem Nachunternehmer den Auftrag erteilen zu dürfen.

Vergabe der Erdarbeiten

Sehr geehrte Damen und Herren,

die bei der Baumaßnahme Trinkwasserbehälter Mögeldorf auszuführenden Erdarbeiten möchten wir an den Erdbau- und Baggerbetrieb Gustav Gans, Justusstraße 28, Obrigheim, vergeben.

Laut § 4 Nr. 8 VOB/B bitten wir hiermit um Genehmigung, die Firma Gans für obige Arbeiten einsetzen und ihr den Auftrag erteilen zu dürfen.

Für Ihr Einverständnis und eine positive Entscheidung danken wir und verbleiben

mit freundlichen Grüßen

Musterbrief 5.1.4

Sachverhalt

Am 22. 08. 95 erhalten wir den Korrektur-Rückschein unserer am 29. 05. 95 erstellten Schlußrechnung Nr. 1a abgeändert zurück.

Aufgabe

Am 28. 08. 95 teilen wir dem Bauherrn mit, daß wir mit den getätigten Abstrichen nicht einverstanden sind und deshalb dagegen Einspruch einlegen. Wir bitten außerdem abschließend um einen Gesprächstermin zwecks Besprechung der vorgenommenen Korrekturen bzw. des Einspruchs.

Korrektur-Rückschein unserer Schlußrechnung
Nr. 1a vom 29. 05. 1995
hier: Einspruch

Sehr geehrte Damen und Herren,

wir haben heute, am 22. 08. 95, den von Ihnen abgeänderten Rücklauf unserer im Betreff genannten Schlußrechnung erhalten.

Da wir mit den von Ihnen getätigten Abänderungen und Kürzungen nicht einverstanden sein können, legen wir hiermit Einspruch dagegen ein und bitten um Nennung eines Termins, an dem dieser Einspruch bzw. die vorgenommenen Korrekturen besprochen werden können.

Für Ihre Bemühungen danken wir.

Mit freundlichen Grüßen

Aufgabe zu Sachverhalt 5.1.4

Am 31. 08. 95 erhalten wir die Schlußzahlung in Höhe von 43.827,46 DM auf unsere Schlußrechnung Nr. 1a vom 29. 05. 95. Gegen diese Schlußzahlung legen wir fristgerecht Einspruch ein und verweisen in diesem Zusammenhang auf unser Schreiben vom 28. 08. 95. Der Einspruch gegen die Schlußzahlung geht am 04. 09. 95 an den Bauherrn.

Unsere Schlußrechnung Nr. 1a vom 29. 05. 95
hier: Einspruch gegen Schlußzahlung

Sehr geehrte Damen und Herren,

wir erhielten heute den verminderten Endbetrag von 43.827,46 DM unserer Schlußrechnung Nr. 1 a vom 29. 05. 95 auf unserem Konto gutgeschrieben.

Gegen diese verminderte Schlußzahlung legen wir hiermit Einspruch ein und verweisen in diesem Zusammenhang nochmals auf unser Schreiben vom 28. 08. 95.

Mit freundlichen Grüßen

Musterbrief 5.1.6

Sachverhalt
Am 15. 08. 95 stellen wir auf unserem Kontoauszug fest, daß unsere Schlußrechnung Nr. 12a vom 01. 06. 95 mit Abstrichen bezahlt wurde.

Aufgabe
Da uns der Korrektur-Rückschein nicht vorliegt und wir deshalb nicht feststellen können, welche Positionen gekürzt wurden und ob wir mit diesen Änderungen einverstanden sind, legen wir nach VOB/B § 16 vorsorglich Einspruch dagegen ein und bitten um Zusendung des abgeänderten Korrektur-Rückscheins.

Unsere Schlußrechnung Nr. 12a vom 01. 06. 95
hier: Einspruch gegen Schlußzahlung

Sehr geehrte Damen und Herren,

anhand der Gutschrift des Betrages auf unserem Bankkonto konnten wir am 15. 08. 95 den Eingang des verminderten Endbetrages unserer im Betreff genannten Schlußrechnung feststellen.

Da uns der von Ihnen abgeänderte Rückschein der Rechnung nicht vorliegt und wir deshalb die von Ihnen verringerten Positionen nicht nachvollziehen können, legen wir aufgrund § 16 VOB/B vorsorglich Einspruch gegen diese Kürzung unserer Rechnung ein.

Wir bitten um Zusendung des geprüften und abgeänderten Rückscheins.

Mit freundlichen Grüßen

5.2 Briefe von der kaufmännischen Geschäftsführung an den Bauherrn

Musterbrief 5.2.1

Sachverhalt

Am 31. 08. 95 ist unsere Abschlagsrechnung Nr. 17, ausgestellt am 14. 07. 95, vom Bauherrn noch nicht bezahlt.

Aufgabe

In höflicher Form teilen wir dem Bauherrn vorgenannten Sachverhalt mit und bitten um Überprüfung.

Abschlagsrechnung Nr. 17 vom 14. 07. 95

Sehr geehrte Damen und Herren,

nach Durchsicht unserer Unterlagen konnten wir feststellen, daß für die im Betreff aufgeführte Abschlagsrechnung Nr. 17 vom 14. 07. 95 noch kein Zahlungseingang zu verbuchen ist.

Um eine mögliche Fehlleitung des Betrages ausschließen zu können, wären wir für eine kurze Überprüfung in Ihrem Hause sehr dankbar.

Mit freundlichen Grüßen

Musterbrief 5.2.2

Sachverhalt
Die Lohnabrechnung für die ARGE findet im Hause der kaufmännischen Geschäftsführung statt. Die Bauaufsicht, Herr Pfeiffer, wünscht eine Liste, auf der das gesamte auf der Baustelle beschäftigte Personal aufgeführt wird und woraus ersichtlich ist, wer wieviel in der Stunde verdient und welche Lohnnebenkosten bezahlt werden.

Aufgabe
Mit einem kurzen Anschreiben übersenden wir Herrn Pfeiffer die von ihm gewünschte Liste, unter Hinweis auf vorgenannten Sachverhalt.

Verdienstnachweis

Sehr geehrter Herr Pfeiffer,

in der Anlage erhalten Sie eine Auflistung aller auf unserer Baustelle beschäftigten Arbeitnehmer.

Wunschgemäß ist aus dieser Liste auch zu ersehen, in welche Berufsgruppe die einzelnen Beschäftigten eingestuft sind und welchen Verdienst, aufgeteilt nach Stundenlohn, Zulagen und Lohnnebenkosten, jeder einzelne hat.

Wir bitten Sie, beiligende Aufstellung vertraulich zu behandeln, und hoffen, Ihnen hiermit gedient zu haben.

Mit freundlichen Grüßen

Anlage

5.3 Briefe von der Bauleitung an den Bauherrn

Musterbrief 5.3.1

Sachverhalt
Unsere ARGE-Baustelle hat am 21. 08. 95 Richtfest.

Aufgabe
Der Bauherr, Firma Mayr OHG, wird zur Feier eingeladen und zwecks Platzreservierung um Mitteilung gebeten, wie viele Mitarbeiter am Richtfest teilnehmen werden. Das Richtfest findet um 10.00 Uhr direkt auf der Baustelle, das anschließende Essen im Baubüro statt.

Einladung zum Richtfest

Sehr geehrte Damen und Herren,

die Rohbauarbeiten des für Ihre Firma erstellten neuen Bürozentrums in der Fürther Straße sind in den nächsten Tagen abgeschlossen.

Es ist uns deshalb eine Ehre und Freude, Sie zu dem am 21. 08. 95 stattfindenden Richtfest, zusammen mit Ihren Mitarbeitern, herzlichst einladen zu können.

Die Begrüßung, eine kurze Baubeschreibung sowie der Richtspruch finden ab 10.00 Uhr in der Empfangshalle statt, danach folgt ein Essen in den Räumen des Baubüros.

Wir würden uns sehr freuen, wenn Sie und Ihre Mitarbeiter recht zahlreich daran teilnehmen könnten, und bitten deshalb aus organisatorischen Gründen um Mitteilung, mit welcher Personenzahl wir in etwa rechnen können.

Wir erwarten Ihre Teilnahmezusage wenn möglich bis 16. 08. 95 und hoffen schon jetzt auf ein gutes Gelingen des Festes.

Mit freundlichen Grüßen

Musterbrief 5.3.2

Sachverhalt
Das Nachtragsangebot Nr. 2 mit den Positionen N 15 bis N 28 und die dazugehörigen Kalkulationsunterlagen müssen an den Bauherrn weitergeleitet werden.

Aufgabe
Mit einem Begleitschreiben übersenden wir dem Bauherrn vorgenannte Unterlagen.

Nachtragsangebot Nr. 2

Sehr geehrte Damen und Herren,

anliegend erhalten Sie das Nachtragsangebot Nr. 2 mit den Positionen N 15–N 28 und die dazugehörigen erforderlichen Kalkulationsunterlagen.

Wir bitten um Überprüfung und Anerkennung.

Mit freundlichen Grüßen

Anlagen

Musterbrief 5.3.3

Sachverhalt

Der Bauherr wünscht die Vorlage eines Abnahmezeugnisses für die einzubauenden Breitflanschträger Güte R St 37-2.

Aufgabe

Mit einem entsprechenden Anschreiben stellen wir dem Bauherrn die gewünschten Ab-
nahmezeugnisse zur Verfügung.

Abnahmezeugnis Breitflanschträger

Sehr geehrte Damen und Herren,

wunschgemäß erhalten Sie beiliegend das Abnahmezeugnis für die im Bauwerk
einzubauenden Breitflanschträger R St 37-2 zu Ihrer Verwendung.

Wir hoffen, Ihnen hiermit gedient zu haben und verbleiben

mit freundlichen Grüßen

Musterbrief 5.3.4

Sachverhalt
Laut Leistungsverzeichnis muß die Baustelle in regelmäßigen, vorgeschriebenen Abständen Dokumentationsaufnahmen vom Bauwerk anfertigen lassen und, auf Holzrahmen aufgezogen, dem Bauherrn übergeben.

Aufgabe
Wir überreichen dem Auftraggeber die Aufnahmen für den Zeitraum Juni bis August 1995 mit den dazugehörigen Original-Negativen und bitten, den beiliegenden Durchschlag des Anschreibens als Empfangsbestätigung für die Bilder unterschrieben an uns zurückzugeben.

Dokumentationsaufnahmen

Sehr geehrte Damen und Herren,

vertragsgemäß übersenden wir Ihnen anliegend die im Zeitraum Juni bis August 1995 angefertigten, auf Holzrahmen aufgezogenen Dokumentationsaufnahmen unserer Baustelle mit den entsprechenden Original-Negativen.

Als Empfangsbestätigung senden Sie bitte den Durchschlag dieses Schreibens, mit Ihrer Unterschrift versehen, an unsere obige Baustellenanschrift zurück.

Für Ihre Bemühungen danken wir und verbleiben

mit freundlichen Grüßen

Anlagen

In Abweichung bzw. Konkretisierung der Bestimmungen des Arbeitsgemeinschaftsvertrages gelten folgende Vereinbarungen. In allen übrigen Fällen finden die
allgemeinen Bestimmungen des Arbeitsgemeinschaftsvertrages Anwendung.

M u s t e r

Arbeitsgemeinschaftsvertrag

Fassung 1995

auszugsweise
der

Arbeitsgemeinschaft Bürozentrum Fürther Straße, Nürnberg

Müller & Schmitt, Bauaktiengesellschaft, Ndl. Nürnberg

Huber & Sohn GmbH, Nürnberg
Schmittke Bau GmbH & Co., Fürth

(genaue Bezeichnung der ARGE)

Beginn der Bauarbeiten: 1. Juni 1995

Voraussichtliche Dauer der Bauarbeiten: 31. März 1996

§ 1 Gesellschafter

1.1 Müller & Schmitt Bauaktiengesellschaft

Anschrift: Bauvereinstraße 377, Nürnberg

Tel.: 0911/345678   **Telefax:** 0911/345682

nachfolgend kurz M & S **genannt.**

1.2 Huber & Sohn GmbH

Anschrift: Forsterstraße 64, Nürnberg

Tel.: 0911/778839   **Telefax:** 0911/778849

nachfolgend kurz H & S **genannt.**

1.3 Schmittke Bau GmbH & Co.

Anschrift: Mühlstraße 798, Fürth

Tel.: 0911/837942   **Telefax:** 0911/837959

nachfolgend kurz Schmittke **genannt.**

§ 2   Name, Sitz und Zweck

2.1   Die ARGE führt den Namen*): Arbeitsgemeinschaft ....

Bürozentrum Fürther Straße, Nürnberg ....

Müller & Schmitt Bau AG – Huber & Sohn GmbH – Schmittke Bau GmbH & Co.

kurz „ARGE *Bürozentrum Mayr, Fürther Straße* ...." genannt.

2.2   Sitz der ARGE: *Müller & Schmitt Bauaktiengesellschaft* ....

Postanschrift der ARGE: *Bauvereinstraße 377, Nürnberg* ..... Tel.: *0911/345678*

Postanschrift des Baubüros: *Fürther Straße 958, Nürnberg* ....

Tel.: *0911/93798* ....   Telefax: *0911/93780* ....

2.3   Zweck der ARGE ist die gemeinsame Durchführung der durch den Auftraggeber ....

Mayr OHG, Münchener Straße 17, Fürth/Bayern ....

....

laut ~~mündlichem~~**)/schriftlichem**) Auftrag vom   *3. Mai 1995*

Az./Betr. Nr.: *Bestell-Nr. 7983/95, Zeichen Ma/Tr* ....

übertragenen Bauarbeiten *Neubau eines Bürogebäudes und Ausstellungszentrums*

für Baugeräte etc., Fürther Straße 958, Nürnberg

Der Zweck der ARGE erstreckt sich auch auf die Durchführung von Neben- und Zusatzarbeiten, die zeitlich und räumlich mit dem Bauobjekt zusammenhängen. Arbeiten, die nach Beendigung der Bauarbeiten vergeben werden, gelten nicht mehr als mit dem Auftrag zusammenhängende Arbeiten.

§ 3   Beteiligung und Haftung

Das Beteiligungsverhältnis der Gesellschafter untereinander und ihre Anteile an allen Rechten und Pflichten, besonders an Gewinn und Verlust, an Bürgschaft, Haftung und Gewährleistung werden wie folgt festgelegt:

M & S .... mit ....*40*...... v.H.

H & S .... mit ....*40*...... v.H.

Schmittke .... mit ....*20*...... v.H.

.... mit .... v.H.

.... mit .... v.H.

.... mit .... v.H.

insgesamt ......*100*...... v.H.

Die gesamtschuldnerische Haftung Dritten, besonders dem Auftraggeber gegenüber wird hierdurch nicht berührt.

---

*) Beispiel: Arbeitsgemeinschaft Olympiastadion München, Franz Meier KG – Josef Müller AG – Hans Schulze GmbH
**) Nichtzutreffendes streichen

§ 4 Gesellschafterleistungen

4.1 Die Gesellschafter sind verpflichtet, zur Erreichung des Gesellschaftszweckes im Verhältnis ihrer Beteiligung (§ 3) Beiträge und Leistungen (z.B. Gestellung von Geldmitteln, Bürgschaften, Geräten, Stoffen, Personal) an die ARGE zu erbringen und den sich aus diesem Vertrag ergebenden Verpflichtungen ordnungsgemäß und zeitgerecht nachzukommen.*)

4.2 Kommt ein Gesellschafter seinen Verpflichtungen gegenüber der ARGE trotz schriftlicher Aufforderung und angemessener Nachfristsetzung nicht nach, so hat er, unbeschadet aller weiterer Ansprüche und Rechte der übrigen Gesellschafter aus diesem Vertrag, für die Zeit vom Ablauf der Nachfrist bis zur vollständigen Erfüllung der Verpflichtung nachstehende Ausgleichszahlungen — auch wenn ihn ein Verschulden nicht trifft — bezogen auf die jeweils geschuldete Leistung an die ARGE zu entrichten.

4.21	Geldmittel:	..*14*....	v.H. p.a. des jeweils geschuldeten Betrages**)
4.22	Bürgschaften:	.————.	v.H. p.a. der Bürgschaftssumme**)
4.23	Personal:	.*50,--*.	DM je Mann-Tagewerk**)
4.24	Gerät:	.*40,--*.	v.H. des unteren monatlichen Abschreibungs- und Verzinsungsbetrages der Baugeräteliste**).

4.3 Wenn der Umfang der von dem säumigen Gesellschafter nicht erbrachten Leistung im Verhältnis zu seiner geschuldeten Gesamtleistung einen Ausgleich durch Änderung des Beteiligungsverhältnisses billigerweise geboten erscheinen läßt, so können die übrigen Gesellschafter unbeschadet 4.2 eine entsprechende Änderung des Beteiligungsverhältnisses einstimmig beschließen. Das neu festgesetzte Beteiligungsverhältnis wird wirksam mit dem Ende des Monats, in dem der Beschluß zugegangen ist.

§ 6 Aufsichtsstelle (Gesellschafterversammlung)

6.4 Die Aufsichtsstelle ist das oberste Organ der ARGE.

6.41 Die Aufsichtsstelle entscheidet in allen Fragen von grundsätzlicher Bedeutung und in Fragen, die sie selbst ihrer Beschlußfassung unterwirft oder die ihr von einem Gesellschafter zu diesem Zweck unterbreitet werden.
Sie entscheidet ferner über die Beauftragung und Kostenübernahme für gutachterliche o.ä. juristische Tätigkeit oder für Rechtsberatung ab Einleitung eines Rechtsstreites. Das gilt für diese Fälle auch, wenn ein Firmenjurist der Gesellschafter damit beauftragt wird.

6.42 Die Aufsichtsstelle ist beschlußfähig, wenn alle Gesellschafter rechtzeitig unter Angabe der Tagesordnung eingeladen und vertreten sind.
Ist die Aufsichtsstelle nicht beschlußfähig, so entscheidet sie nach Feststellung der Beschlußunfähigkeit in einer zweiten rechtzeitig einberufenen Sitzung ohne Rücksicht auf die Zahl der erschienenen Gesellschafter.
Die Einladung ist rechtzeitig, wenn sie mit einer Frist von mindestens 8 Kalendertagen schriftlich erfolgt. In Fällen, in denen die Entscheidung keinen Aufschub verträgt, kann die Einladungsfrist auch kürzer sein.

6.5 Sitzungen der Aufsichtsstelle finden nach Bedarf oder auf Antrag eines Gesellschafters statt. Die technische Geschäftsführung beruft ein und setzt Tagesordnung und Tagungsort fest.
Wird eine Aufsichtsstellensitzung beantragt, so hat sie in der Regel innerhalb von 14 Kalendertagen nach Antragstellung stattzufinden.

6.7 Über die Aufsichtsstellensitzung hat die technische Geschäftsführung Niederschriften anzufertigen und den Gesellschaftern innerhalb von 10 Kalendertagen zuzustellen. Wird innerhalb von 14 Kalendertagen nach Empfang kein schriftlicher Widerspruch erhoben, so gilt die Niederschrift als genehmigt.
Werden von der Aufsichtsstelle zu deren Beratung Arbeitskreise gebildet, so sind über alle Besprechungen Niederschriften anzufertigen und den Gesellschaftern unverzüglich zuzustellen.
Die Niederschriften sind fortlaufend*)/nicht*) zu numerieren.

§ 7 Technische Geschäftsführung

7.1 Die technische Geschäftsführung der ARGE wird dem Gesellschafter .... *M & S* ....
übertragen. Er ist verantwortlich für die ordnungsgemäße technische Durchführung des Bauvorhabens unter Beachtung aller einschlägigen Gesetze und Bestimmungen, für die Einhaltung des ARGE-Vertrages und der Beschlüsse der Aufsichtsstelle in technischer Hinsicht.

7.4 Die technische Geschäftsführung umfaßt insbesondere

7.44 Bestellung des Sicherheitsbeauftragten gemäß § 719 RVO sowie Benennung des Sicherheitsbeauftragten und der Fachkraft für Arbeitssicherheit gegenüber der zuständigen Berufsgenossenschaft, sowie Überwachung der Bestimmungen des Gesetzes über Betriebsärzte, Sicherheitsingenieure und andere Fachkräfte für Arbeitssicherheit.
Die Fachkraft für Arbeitssicherheit wird vom Gesellschafter ..... *M & S* ....
gestellt;
Bestellung von sonstigen nach Umweltrecht etc. erforderlichen Beauftragten.

7.5 Die technische Geschäftsführung hat dafür zu sorgen, daß die für die Überwachung der Bauabwicklung notwendigen Unterlagen beschafft oder erstellt werden und je eine Ausfertigung in Abschrift oder Kopie allen Gesellschaftern ausgehändigt wird.

Als solche Unterlagen kommen insbesondere in Betracht:

alle Verdingungsunterlagen einschließlich Leistungsbeschreibung (mit Leistungsverzeichnis und/oder Leistungsprogramm)
Preisermittlungen zum Angebot
Angebotsschreiben
Auftragsschreiben und ergänzende vertragliche Vereinbarungen
Nachtragsangebote
Arbeitskalkulationen
Abschlagsrechnungen
Schlußrechnungen
Abnahmeniederschriften
Nachunternehmerverträge

7.6 Die technische Geschäftsführung hat dem/den anderen Gesellschafter/n über alle wesentlichen Geschäftsvorfälle, insbesondere durch rechtzeitige Übersendung von Durchschlägen und Abschriften des Schriftwechsels, unverzüglich Bericht zu erstatten. Von allen Besichtigungen der Baustelle durch Außenstehende ist den Gesellschaftern rechtzeitig Kenntnis zu geben, um ihnen die Teilnahme zu ermöglichen.

§ 8 Kaufmännische Geschäftsführung

8.1 Die kaufmännische Geschäftsführung der ARGE wird dem Gesellschafter ...... *M & S* ....
übertragen. Er ist verantwortlich für die ordnungsgemäße Durchführung sämtlicher kaufmännischer Arbeiten der ARGE unter Beachtung aller einschlägigen Gesetze und Bestimmungen, für die Einhaltung des ARGE-Vertrages und der Beschlüsse der Aufsichtsstelle in kaufmännischer Hinsicht.

274

8.5   Die Führung der Buchhaltung sowie der Lohn- und Gehaltsbuchhaltung wird wie folgt geregelt:
        Alle Buchungen sind durch ordnungsgemäße und von den verantwortlichen Sachbearbeitern abge-
        zeichnete Belege nachzuweisen. Die Belege müssen vom Bauleiter und von dem verantwortlichen
        Kaufmann anerkannt sein.

        8.52   Die Lohnbuchhaltung wird für freigestellte Poliere*) und Lohnempfänger (siehe
                § 12.23) sowie für von der ARGE eingestelltes gewerbliches Personal bei . H .& .S .
                . . . . geführt.

        8.54   Die Beantragung von Arbeitserlaubnissen für Ausländer, deren Fristenüberwachung und
                -verlängerung obliegt dem abstellenden Gesellschafter, für örtlich eingestelltes Personal
                dem mit der Abrechnung beauftragten Gesellschafter.

8.6   Die Ergebnisübersichten mit Kontoauszügen sind monatlich*)/vierteljährlich*) jeweils bis zum
        25. . . . . des dem Stichtag folgenden Monats sämtlichen Gesellschaftern zu übersenden.
        Die Ergebnisübersichten sowie deren Anlagen müssen dem angemessenen Informationsbedürfnis
        des/der anderen Gesellschafter/s genügen. Nach Anerkennung der Schlußrechnung durch den Auf-
        traggeber soll die vorläufige Schlußbilanz spätestens innerhalb eines Monats aufgestellt und den
        Gesellschaftern vorgelegt werden. In besonderen Fällen kann die Aufsichtsstelle eine andere Frist
        festlegen.
        Nach Abwicklung aller Geschäftsvorfälle sind die Schlußbilanz und ein Schlußprotokoll aufzustel-
        len. Einsprüche gegen die Schlußbilanz können nur in schriftlicher Form mit Begründung inner-
        halb von drei Monaten nach Zustellung erhoben werden. Nach Eintritt der Feststellungswirkung
        sind alle in der Schlußbilanz enthaltenen Ansätze und Bewertungen abschließend und endgültig.
        Gewährleistungsrückstellungen sind von jedem Gesellschafter in der eigenen Bilanz vorzunehmen.

8.8   Die kaufmännische Geschäftsführung hat den/die anderen Gesellschafter über alle wesentlichen
        kaufmännischen Geschäftsvorfälle, insbesondere durch Übersendung von Durchschlägen und Ab-
        schriften des Schriftwechsels, unverzüglich zu unterrichten.
        Die kaufmännische Geschäftsführung hat der technischen Geschäftsführung Schlußzahlungen
        (einschließlich der Schlußzahlungen auf abgenommene Teile der Leistung) oder vergleichbare
        Erklärungen des Auftraggebers im Sinne von VOB/B § 16 Nr. 3 Abs. 2 und 3 unverzüglich mitzu-
        teilen, damit die technische Geschäftsführung fristgerecht entsprechende Vorbehalte gegenüber
        dem Auftraggeber erklären kann.

8.9   Alle Rechnungen der Gesellschafter an die ARGE sind jeweils in . .4 . . . facher Ausfertigung bis
        zum 15. : . . . . des der Lieferung oder Leistung folgenden Monats der ARGE einzureichen.
        Die anderen Gesellschafter erhalten je eine Ausfertigung durch die ARGE nach Prüfung und
        Anerkennung. Der Aussteller erhält jeweils ein geprüftes Rechnungsexemplar zurück.
        Von Rechnungen der ARGE an Gesellschafter und Dritte erhalten die anderen Gesellschafter
        Durchschlag. Diese Rechnungen sind bis zum . .15. . . . . . des auf die Lieferung oder Leistung
        folgenden Monats einzureichen. Rechnungen an die und von der ARGE sind chronologisch zu
        ordnen und vom Aussteller mit einer nur für die ARGE bestimmten Nummernfolge zu versehen.
        Fehler in den Rechnungen der Gesellschafter an die ARGE und umgekehrt bleiben unberücksich-
        tigt, wenn der Unterschiedsbetrag DM . 10. . . . . . ohne Umsatzsteuer je Rechnung nicht über-
        steigt.
        Rechnungen der Gesellschafter an die ARGE und umgekehrt sind innerhalb von 30 Kalendertagen
        nach Rechnungseingang vom Empfänger zu prüfen und ggf. zu beanstanden.

§ 9 Bauleitung

9.1   Die Bauleitung hat folgende Aufgaben:

        9.12   Die Bauleitung hat den Gesellschaftern und der Fachkraft für Arbeitssicherheit bis zum
                . 5. . . . . des folgenden Monats technische Wochen-*)/Monatsberichte*) zu über-
                senden. Ferner hat sie den Gesellschaftern für jeden Monatsletzten den Personalstand,
                unterteilt nach Gesellschaftern und Berufsgruppen, nach abgestelltem und örtlich einge-
                stelltem Personal bekanntzugeben.

9.3   Zeichnungsberechtigt sind Bauleiter und Kaufmann gemeinsam; im Verhinderungsfalle zeichnet
        der Stellvertreter.

§ 10 Vergütung für Sonderleistungen

10.1 Die Vergütung für die technische und kaufmännische Geschäftsführung sowie die Führung der Buchhaltung, der Lohn- und Gehaltsbuchhaltung, für EDV-Auswertungen und die Fachkraft für Arbeitssicherheit wird wie folgt festgelegt:

10.11 Für die technische Geschäftsführung ....*1,2*............ v.H. des Umsatzes (siehe 10.91).

10.5 In der Vergütung zu 10.1, 10.2, 10.3 und 10.4 sind die Zuschläge (im Sinne § 12.37) und alle von den Gesellschaftern aufgewandten Gehalts- und Gehaltsnebenkosten sowie die Kosten für Büro- und Zeichenmaterial, Telefon, Reisekosten, Vorhaltung der Büros und Büroeinrichtungen usw. enthalten.

Lichtpausen und sonstige Vervielfältigungen sind in den Vergütungssätzen zu 10.1 enthalten. Soweit sie in den Vergütungssätzen zu 10.2, 10.3 und 10.4 nicht enthalten sind, werden sie wie folgt berechnet:

Mutterpausen	....*12,--* .	DM/m²
Mutterpausen DIN A3	.....*2,--* .	DM/Stck.
Mutterpausen DIN A4	.....*1,20* .	DM/Stck.
Lichtpausen (Normalpausen)	.....*5,--* .	DM/m³
Lichtpausen DIN A3	......*-,80* .	DM/Stck.
Lichtpausen DIN A4	.....*-,50* .	DM/Stck.
Andere Kopien DIN A3	.....*-,40* .	DM/Stck.
Andere Kopien DIN A4	.....*-,20* .	DM/Stck.
Klebefolien DIN A3	....	DM/Stck.
Klebefolien DIN A4	....	DM/Stck.

10.7 Unterkunftskosten

10.71 Beansprucht die ARGE Unterkünfte eines Gesellschafters, so wird für die Bereitstellung je Schlafstelle eine Vergütung von ..*12,--*..... DM/Kalendertag vereinbart.

10.72 Sind für ARGE-eigene Unterkünfte Unterkunftskosten an Gesellschafter zu verrechnen, so wird für die Bereitstellung je Schlafstelle eine Vergütung von ....*12,--*... DM/ Kalendertag vereinbart.

§ 12 Personal

12.15 Arbeitsordnung
Für die Arbeitsordnung gilt die Regelung der technischen Geschäftsführung*)/~~des Gesellschafters~~ .... ~~*)/der ARGE*)~~. Für die Betriebsvertretung gelten die jeweils maßgebenden gesetzlichen und tariflichen Bestimmungen. Ausfallstunden, die den für die ARGE tätigen Arbeitnehmern durch die Teilnahme an Betriebsversammlungen ihrer Stammfirma entstehen, sind von der Stammfirma zu tragen.

12.16 Anwesenheitsnachweis
Die Bauleitung hat Anwesenheitslisten für Angestellte zu führen und den Gesellschaftern monatlich bis zum ...*5*...... des Folgemonats zuzustellen.

12.371 Verrechnungszuschläge auf Lohn- und Gehaltskosten
Die zwischen der ARGE und den Gesellschaftern zu verrechnenden Personalkosten werden mit folgenden Zuschlägen belastet:

12.371.1	Löhne für Lohnempfänger	..*110*.. v.H.
12.371.2	Gehälter für Poliere	..*100*.. v.H.
12.371.3	Gehälter für Angestellte	...*70*.. v.H.

12.371.4 Sonderzahlungen und sonstige Zuwendungen für Lohnempfänger ...50.. v.H.

12.371.5 Sonderzahlungen und sonstige Zuwendungen für Poliere ...32.. v.H.

12.371.6 Sonderzahlungen und sonstige Zuwendungen für Angestellte ...26.. v.H.

12.372 Abgeltung durch die Zuschläge
Mit den Zuschlägen gemäß 12.371 sind alle gesetzlichen, tariflichen und freiwilligen Sozialaufwendungen (einschließlich der Feiertagsbezahlung und der Zahlungen an die Sozialkassen sowie Lohn- und Gehaltszahlungen im Krankheitsfalle, Zahlungen im Todesfalle, soweit nicht von der ARGE gemäß 12.376 und 12.47 zu tragen), die Arbeitgeberleistungen zur tariflichen Vermögensbildung, sonstige Zuwendungen im Sinne von 12.44 sowie die sonstigen lohn- und gehaltsgebundenen Kosten abgegolten, nicht jedoch Werkzeugvorhaltung, Arbeitsplatzkosten, Geschäftskosten und Gewinn.
Die Urlaubskosten einschließlich zusätzlichem Urlaubsgeld für Angestellte und Poliere sind in den Zuschlägen gemäß 12.371 enthalten.

§ 13 Stoffe

13.3 Verrechnung von Gebrauchsstoffen

Gebrauchsstoffe werden gemäß nachstehenden Bestimmungen zum Zeitwert gemäß 13.31 gekauft und evtl. rückverkauft, soweit in 13.325, 13.33 und 13.34 nichts anderes festgelegt ist.

13.31 Der Zeitwert wird wie folgt festgelegt:

Zustand bei Kauf bzw. Rückverkauf	Zeitwert in v.H. vom Neuwert	
	für Kauf durch die ARGE	für Rückverkauf durch die ARGE
~~neu~~	~~100~~	~~90~~
gebraucht	75	50

Die Preise für den Kauf gelten ab Versandstelle~~*)/frei Verwendungsstelle*~~).
Die Preise für den Rückverkauf gelten ~~ab Versandstelle*)~~/frei Verwendungsstelle*).

13.32 Als Bemessungsgrundlage des Neuwertes werden angesetzt:

13.321 die Preise der Baustellenausstattungs- und Werkzeugliste (BAL) 1990 ./. 20 % Pauschalrabatt

13.322 für ... Für nicht in der BAL enthaltenes Elektromaterial gilt der Katalog der INU-Elektro 3/94

13.323 für ... nicht in der BAL enthaltene Gebrauchsstoffe gilt der Weber-Katalog, neueste Ausgabe

13.325 Verrechnungspreise (Neuwert) für Holz

Schalung 24 mm	II/III	...250,--. DM/m³
Kantholz	A/B	...300,--. DM/m³
Bohlen/Dielen ohne Beschlag	I/II	...350,--. DM/m³
Bohlen/Dielen mit Beschlag	I/II	...375,--. DM/m³

Kranschwellen   .... DM/m³/Stck.*)

mit Beschlag ....   *380,--* DM/ *cbm* ....

ohne Beschlag ....   *320,--* DM/ *cbm* ....

Rundholz wird nach mittlerem Durchmesser angesetzt.

Holz unter 2 m Länge: 50 v.H. der sich nach 13.31 ergebenden Zeitwerte.
Holz unter 1 m Länge bleibt bei Kauf*)/Rückverkauf*) unberechnet.
und

13.33   Für nachstehend aufgeführte Gegenstände gilt folgendes:

Gegenstand	Kauf bzw. Rückverkauf Neuwerte	Miete	
		Monatliche Verrechnungssätze einschl. Rep.-Zuschlag	Neuwerte für Schadenersatz bei Verlust
Formstahl	*1.300,--* DM/t ..	.... DM/t ..	.... DM/t ..
Spundbohlen	*1.400,--* DM/t ..	.... DM/t ..	.... DM/t ..
Kanaldielen	*1.400,--* DM/t ..	.... DM/t ..	.... DM/t ..
Kranbahngleis auf Trägern oder Betonschwellen montiert	*12,--* DM/lfm Kranbahn	.... DM/lfm Kranbahn	.... DM/lfm Kranbahn
Tafelschalung einschichtig	*23,--* DM/ *qm* ..	.... DM/ ..	.... DM/ ..
Tafelschalung mehrschichtig	*28,--* DM/ *qm* ..	.... DM/ ..	.... DM/ ..
Zentralballast (Beton)	*280,--* DM/t ..	.... DM/t ..	.... DM/t ..
Verrechnung Holzschalungsträger nach Katalog, Ausgabe 10/94 Anlieferung neu oder gebraucht 75 %; Rücklieferung 50 %	.... DM/ ..	.... DM/ ..	.... DM/ ..
	.... DM/ ..	.... DM/ ..	.... DM/ ..
	.... DM/ ..	.... DM/ ..	.... DM/ ..

13.34   Fahrzeugreifen und Gummigurte

13.341   Die Reifen der von den Gesellschaftern der ARGE zur Verfügung gestellten
Fahrzeuge und Geräte werden

13.341.1   als Teil der Geräte (§ 14) behandelt, soweit nicht in 13.341.2
abweichend geregelt. Die Berechnung erfolgt nach der BGL.

§ 14   Geräte

14.23   Freimeldung
Für freiwerdende Geräte ist allen Gesellschaftern von der ARGE der Freigabetermin
mit einer Frist von *5* ... Kalendertagen (Freimeldefrist) vorher schriftlich zu melden,
falls nicht von vornherein ein befristeter Einsatz bis zu *15* .. Kalendertagen vereinbart
ist. Bei kurzen unbefristeten Einsätzen bis zu 30 Kalendertagen verringert sich die
Freimeldefrist auf *0* .. Kalendertage. Maßgeblich für die Einhaltung der Freimeldefrist
ist der Eingang der Freimeldung beim Gesellschafter.
Der Gesellschafter hat der ARGE rechtzeitig die Versandadresse bekanntzugeben. Bei
der Freimeldung von Geräten ist nach Möglichkeit darauf zu achten, daß eine ungleiche
Beistellung angeglichen wird. Zum Freimeldetermin muß das Gerät, erforderlichenfalls
in demontiertem Zustand, zur Abholung oder zum Versand bereitstehen.

14.24   An- und Verkauf von ARGE-Geräten
Sollten in Ausnahmefällen Geräte von der ARGE gekauft werden, so entscheidet die Aufsichtsstelle über den Ankauf*)/bei Geräten mit einem Anschaffungswert von über DM . . 1..QQQ,--.. über den Ankauf*). Der Einkauf richtet sich nach § 8.45. Von der ARGE gekaufte Geräte sind bei Freiwerden im allgemeinen an die Gesellschafter zum Tageswert unter Berücksichtigung des Beteiligungsverhältnisses zu verkaufen. Bei Nichteinigung über den Abgabewert werden ARGE-eigene Geräte an den höchstbietenden Gesellschafter verkauft, es sei denn, daß ein Dritter mehr bietet.
Bei Verkäufen von ARGE-eigenen Geräten an Dritte steht den Gesellschaftern bei gleichem Preisangebot das Vorkaufsrecht zu. Die Verkaufserlöse fallen der ARGE zu. Über Verteilung und Verkauf der ARGE-eigenen Geräte entscheidet aufgrund vorstehender Bestimmungen die Aufsichtsstelle.

14.33   Büromaschinen und Kassenschränke werden

14.331*) als Geräte behandelt.

14.332*) nach den Bestimmungen für Gebrauchsstoffe gekauft.

14.34   Beginn und Ende der Gerätevorhaltung
Die Gerätevorhaltung beginnt mit dem Tage des Eintreffens der Geräte auf der Baustelle und endet mit.. Kalendertage nach dem Rücksendetag, frühestens jedoch mit Ablauf der Freimeldefrist.
Bei zurückgesandten, nicht freigemeldeten Geräten endet die Gerätevorhaltung .3... Kalendertage nach dem Rücksendetag.
Bei befristetem Einsatz gemäß 14.23 endet die Gerätevorhaltung mit.. Kalendertage nach dem Rücksendetag.
Verzögert ein Gesellschafter den rechtzeitigen Rückversand freigemeldeter Geräte, so endet die Gerätevorhaltung mit dem Ablauf der Freimeldefrist.
Die Zeit für die transportbedingte Montage oder Demontage eines Gerätes auf der Baustelle ist Bestandteil der Gerätevorhaltung.

14.4   Vergütung an die Gesellschafter für Beistellung

14.41   Berechnung der Abschreibung und Verzinsung
Die Gesellschafter berechnen der ARGE monatlich folgende Sätze:

14.411   für die Arbeitszeit
. . . . 60 v.H. des unteren*)/oberen*) monatlichen Abschreibungs- und Verzinsungsbetrages der Baugeräteliste.
Bei Abrechnung sämtlicher oder eines zu vereinbarenden Teiles der Geräte nach Einsatzstunden wird je Einsatzstunde 1/175, bei Abrechnung nach Kalendertagen je Tag 1/30 des festgelegten monatlichen Abschreibungs- und Verzinsungsbetrages angesetzt.
Dasselbe gilt für die Abrechnung bei befristetem Einsatz von Geräten.

14.412   für Stilliegezeiten
Stilliegezeiten werden wie Vorhaltezeiten berechnet, jedoch mit nachstehenden Einschränkungen:

14.412.2   Bei länger dauernden Stilliegezeiten (z.B. infolge von Witterungseinflüssen, Einstellen der Bauarbeiten) kann die Aufsichtsstelle einen anderen Vorhaltesatz oder das Aussetzen der Berechnung beschließen.

14.412.3   Hat der Gesellschafter, der das Gerät beigestellt hat, den Stillstand zu vertreten (z.B. wegen nicht rechtzeitiger Beistellung eines Ersatzteiles innerhalb von .3... Kalendertagen), so entfällt die Berechnung ab dem ..4... Stilliegetag bis zur möglichen Wiederinbetriebnahme des Gerätes. In Zweifelsfällen entscheidet die Aufsichtsstelle nach Anhören der Maschineningenieure.

14.42   Berechnung von Reparaturkostenpauschalen

14.421.1   für alle mit Ausnahme der in 14.421.2 und 14.421.3 besonders
geregelten Geräte

..*20*.. v.H. für laufende Instandhaltung

..*80*.. v.H. für Instandsetzung

.*100*.. v.H. insgesamt

14.421.2   abweichend von 14.421.1 für nachstehend aufgeführte Geräte

E.-Handwerkzeuge, Elektro-, Benzin- und Preß-
luft-Innenrüttler, E.-, Preßluft-Außenrüttler,
E.-Benzin- u. Preßluftstampfer, E.-, u.Benzin-
Handkreissägen, Kreisel-, Membran- u. Tauch-
pumpen, Drucklufthämmer und Druckluft-Werkzeuge

...../. v.H. für laufende Instandhaltung

.../... v.H. für Instandsetzung

/...... v.H. insgesamt

14.5   Ausführung und Verrechnung von Reparaturarbeiten

14.531   Für die Gesellschafter auf der ARGE-Baustelle durchgeführte Reparaturen
sind jedem Gesellschafter monatlich bis zum 20. des folgenden Monats in
Rechnung zu stellen. Die Ermittlung der Kosten erfolgt aufgrund der Werk-
stattaufschreibung der ARGE.

Dabei werden verrechnet:

je Arbeitsstunde   DM ......*60,--*...... **)
~~oder:~~
~~Gesamttarifstundenlohn~~ für ~~Spezialbaufacharbei~~-
ter (Gruppe III 2 BRTV) ~~ohne die tariflichen Zuschläge nach § 3, Ziffer~~ 3.1 und § 6 BRTV unter
~~Hinzurechnung eines Zuschlages von ..... v.H.**)~~

Stoffe   zum Tagespreis abzüglich handelsüblicher Rabatte
                          ~~ohne~~*)/mit*) einem Zuschlag von ..*15*... v.H.

Von der ARGE gemäß   ~~ohne~~*)/mit*) einem Zuschlag von ..*15*... v.H.
14.542 gelieferte
Ersatzteile

Fremdleistungen und   soweit diese im Einzelfall für die durchzuführen-
Transportkosten   den Arbeiten speziell anfallen, ohne Zuschlag.

Vor Ausführung von Reparaturen über geschätzte DM ..*1.000,--*... je
Reparaturfall hat die ARGE die Genehmigung des betreffenden Gesellschafters einzuholen.

14.532   Von den Gesellschaftern für die ARGE ausgeführte Reparaturen werden wie
folgt vergütet:

je Arbeitsstunde   DM ...*75,--*....... *)

~~oder:~~
~~Gesamttarifstundenlohn~~ für ~~Spezialbaufacharbei~~-
ter (Gruppe III 2 BRTV) ~~ohne die tariflichen Zuschläge nach § 3, Ziffer~~ 3.1 und § 6 BRTV unter
~~Hinzurechnung eines Zuschlages von ...... v.H.*)~~

Stoffe	zum Tagespreis abzüglich handelsüblicher Rabatte
	~~ohne~~*)/mit*) einem Zuschlag von ...*15*.... v.H.
Ersatzteile	~~ohne~~*)/mit*) einem Zuschlag von ...*15*.... v.H.
Fremdleistungen	ohne*)/~~mit~~*) einem Zuschlag von ..*—*.... v.H.
Transportkosten	ohne Zuschlag.

14.6   Schadenregelung für Geräte *s. § 25*

14.62   Verlust von Geräten
Wird ein Gerät auf der ARGE-Baustelle zerstört, geht ein Gerät auf der Baustelle verloren oder kommt es auf sonstige Weise abhanden, ohne daß den Gesellschafter, dessen Eigentum das Gerät ist, ein Verschulden trifft, so trägt die ARGE den Schaden, soweit nicht der beistellende Gesellschafter zum Abschluß einer Versicherung nach §§ 16.2 und 16.3 verpflichtet war. Die Berechnung der Gerätevorhaltekosten endet im Falle der Zerstörung oder des Verlustes mit dem Schluß des Monats, in dem das Ereignis festgestellt und dem Gesellschafter mitgeteilt worden ist, spätestens jedoch bei Baustellenräumung. Die Schadenvergütung erfolgt nach dem Zeitwert gemäß BGL im Zeitpunkt des Verlustes. Ausgenommen hiervon sind Rohr- und Rahmengerüste, Stahlrohrstützen, Schalungsträger, Rüstträger und Rüstbinder, AZ-Träger, Rüststützen und Rahmenstützen sowie Tafelschalung, deren Zeitwert nach den Bestimmungen von § 13.33 zu ermitteln ist, sowie Mietgeräte im Einzelwert bis DM 800,–, für die 60 v.H. des BGL-Neuwertes vergütet werden.

14.73   Bei Hin- und Rückgabe ist der Zustand der Geräte durch die Maschineningenieure der Gesellschafter ~~nicht festzustellen~~*)/festzustellen und zu protokollieren*). Die technische Geschäftsführung bestimmt den Termin für die Abnahme. Die Abnahme findet auch dann statt, wenn ein rechtzeitig benachrichtigter Gesellschafter nicht vertreten ist. Als rechtzeitig gilt eine mindestens 8 Kalendertage vorher schriftlich oder fernmündlich erfolgte Benachrichtigung. *+ auf Antrag der Arge oder eines Gesellschafters*

14.74   Mängel bei der Hin- und Rückgabe müssen innerhalb von 14 Kalendertagen schriftlich geltend gemacht werden.

14.75   Bei Freimeldungen und dgl. sind von der ARGE auf Wunsch die Formulare der Geräteeigentümer zu verwenden.

14.8   Sonderanfertigungen

14.84   Sonderanfertigungen der Gesellschafter für die ARGE erfolgen nur auf Anforderung der ARGE-Bauleitung mittels Bestellschein und bei voraussichtlichen Kosten von mehr als DM ...*1.000,––*.. auf Beschluß der Aufsichtsstelle.

§ 15   Verpackungskosten, Be- und Entladekosten, Transportkosten

15.22   Vergütung

15.221   Ladekosten für Stoffe
Beladekosten trägt die ARGE nur bei Preisstellung ab Versandstelle. Entladekosten dagegen in allen Abgabefällen.

Sie werden wie folgt vergütet:

15.221.1   Holz gemäß § 13.325 *v und Tafelschalung* mit je ...*45,––*... DM/m³/ ....*)
    ....

15.221.2   Stoffe gemäß § 13.33 mit je ...*45,––*... DM/t/ ....*)
    ....

15.221.3   Alle übrigen Stoffe mit .....*10*.... v.H. des Hingabewertes
    und mit .....*10*.... v.H. des Abgabewertes.

15.223   Ladekosten für Geräte
Be- und Entladekosten für Geräte im Sinne von § 14.1 werden von der ARGE

15.223.1   mit je . 45.,— . . . DM/t/ . . . . *) vergütet.

Ausgenommen hiervon sind selbstfahrende und Anhänge-Geräte sowie Kraftfahrzeuge und Kraftfahrzeuganhänger, die unter 15.223.2 und 15.223.3 geregelt sind.

15.223.2   mit je . 22,50 . . DM/t/ . . . . *) vergütet

bei Transporten von selbstfahrenden und Anhänge-Geräten auf einem Transportfahrzeug.

15.223.3   Für Kraftfahrzeuge und Geräte, die sich mit eigener Kraft zur Empfangsstelle bewegen, sowie für Kraftfahrzeuganhänger und Anhänge-Geräte, sofern sie für den Transport an ein Zugfahrzeug gehängt werden, werden Be- und Entladekosten nicht berechnet.

15.34   Vergütung für Transporte mit gesellschaftereigenen Fahrzeugen
Frachten und Fuhrkosten für Stoffe und Geräte sowie Ersatz- einschließlich Verschleißteile werden, sofern ein angemessenes Transportmittel verwendet wurde, nach den folgenden Bestimmungen berechnet.

15.342   Transporte mit Tiefladern und Sattelschlepper
Transportkosten für gesellschaftereigene Tieflader und Sattelschlepper werden unabhängig vom Transportgewicht wie folgt vergütet, sofern der eingesetzte Tieflader als angemessen anzusehen ist:

Tragfähigkeit in t	Mit Zugmaschine und Bedienung einschl. Beifahrer DM/Std.	Ohne Zugmaschine DM/Std.
bis 15	105,—	40,—
über 15 bis 25	110,—	50,—
über 25 bis 50	140,—	80,—
über 50	175,—	115,—

Eine vorhandene Ladeeinrichtung wird mit den Zuschlagsätzen gemäß Ziffer 8 KURT vergütet.

Genehmigungs- und Polizeibegleitgebühren trägt die ARGE*)/~~der Gesellschafter*)~~.

15.343   Transporte und Personalbeförderung mit Kombi-Fahrzeugen, Kleinbussen und Kleinlastwagen bis 3 t Nutzlast
Sofern Kosten für Transporte und Personalbeförderung mit Kombi-Fahrzeugen, Kleinbussen und Kleinlastwagen zu verrechnen sind, gelten nachstehende Vergütungssätze:

15.343.1*)   mit Fahrer nach 15.341 (KURT, niedrigster Satz),

15.343.2*)   ohne Fahrer: . —,— . . . DM/Std.*)/ . . . 1,10 . . . DM/km*) einschließlich Treibstoff.

Der Fahrerlohn ist nach § 12 abzurechnen, sofern die Transporte nicht für Arbeiten bestimmt sind, die unter § 10.6 fallen. In diesem Fall werden die Zuschläge nach § 10.6 vergütet. Für Stillstandstunden werden . —,—. DM/Std. vergütet.

15.343.3 Für Fahrzeuge der Gesellschafter, die nicht gemäß § 14 an die ARGE beigestellt sind, die aber von der ARGE mit Genehmigung des Gesellschafters während der Standzeit auf der Baustelle für Baustellenfahrten eingesetzt werden, . 1 , 10 . DM/km einschließlich Treibstoff. Die für diese Fahrten anfallenden Lohn- und Lohnnebenkosten gehen zu Lasten der ARGE.

Der Nachweis ist von der ARGE mittels Fahrtenbuch zu erbringen.

15.344 Einsatz von Werkstattwagen, die nicht gemäß § 14 an die ARGE beigestellt sind

Werkstattwagen werden je Fahr- und Einsatzstunde (einschließlich Grundeinrichtung und Treibstoff) wie folgt vergütet:

Fahrzeuge bis 1,5 t	. . . . 90 , -- . . . DM/Std.
über 1,5 bis 2,0 t	. . . . 95 , -- . . . DM/Std.
über 2,0 t	. . . . ---- . . . . DM/Std.

15.344.1*) In vorstehenden Vergütungssätzen sind die Kosten für den Fahrer enthalten.

§ 16 Versicherungen

16.1 Betriebshaftpflichtversicherung

Die Gesellschafter haften im Innenverhältnis gemäß dem Beteiligungsverhältnis, insoweit aber ohne summenmäßige Begrenzung.

Jeder Gesellschafter hat seinen Anteil bei seinem Haftpflichtversicherer zu eigenen Lasten zu versichern. Nicht gedeckte anteilige Schadenersatzverpflichtungen gehen zu Lasten des nicht (ausreichend) versicherten Gesellschafters.

Die Versicherung muß sich auch auf den Besitz und Gebrauch von Baugeräten, selbstfahrenden Arbeitsmaschinen und Kraftfahrzeugen erstrecken, soweit diese Geräte nicht zum öffentlichen Verkehr zugelassen sein müssen.

Die Gesellschafter sind wie folgt versichert:

Gesellschafter	Versicherer Name/Anschrift	Versicherungs-schein-Nr.	Versicherte Summe in TDM		
			Personen-schaden	Sach-schaden	Vermögen-schaden
M & S	Further	1234567	2.000	2.000	2.000
H & S	Erlangener	3698645	2.000	2.000	in Sachschaden enthalt.
Schmittke	Koblenzer	734589	2.000	2.000	2.000

16.2 Kraftfahrzeughaftpflichtversicherung

16.21 Für Kraftfahrzeuge, die gemäß § 14 beigestellt werden, hat der beistellende Gesellschafter eine Kraftfahrzeughaftpflichtversicherung mit einer Mindestdeckungssumme von 2 Mio DM pauschal,

in den von der ARGE bestimmten Fällen eine

Kraftfahrzeughaftpflichtversicherung mit*)/ ohne*) Teilkasko*) mit einem Selbstbehalt von DM . . . . je Schadenfall*)

Kraftfahrzeughaftpflichtversicherung mit*)/ ohne*) Vollkasko*) mit einem Selbstbehalt von DM . . . . je Schadenfall*)

abzuschließen.

1.)   *Firmentafeln*

Die von dén Partnern angelieferten Firmentafeln werden
kostenlos gestellt.

2.) Zu Ziff.13   *Stoffe*

Vorhaltestoffe von den Gesellschaftern dürfen grund-
sätzlich nur als gebraucht verrechnet werden.

Folgende Verrechnungspreise für Stoffe sind festgelegt

Röllchen Rödeldraht	DM	-,28 / Stck.
Benzin	DM	1,30 / ltr.
Diesel	DM	1,15 / ltr.
Heizöl	DM	-,50 / ltr.
Binde- und Schaldraht	DM	1,65 / kg
Dachpappe (alle Sorten)	DM	2,20 / qm
Stifte dazu	DM	3,20 / kg
Nägel (alle Sorten)	DM	1,80 / kg

Ankermaterial

Ankerstäbe Ø 15.1	DM	5,20 / m
Ankerplatten 10/14	DM	5,40 / Stck.
dto. 12/12	DM	5,10 / Stck.
dto. 12/18	DM	8,40 / Stck.
dto. 14/22	DM	10,40 / Stck.
Flügelmuttern Ø 12	DM	4,40 / Stck.
6 kt.-Muttern Ø 15.1, 70 mm lg.	DM	4,80 / Stck.
Gewindemuffen 90 lg.	DM	9,70 / Stck.
Wirbelmuttern	DM	9,50 / Stck.
6 kt.-Muttern	DM	5,10 / Stck.

Für das Schärfen von Kreissägeblättern sowie von Kom-
pressormeisseln während der Bauzeit (ausgen. End-Rück-
lieferung) wird vergütet:

Kreissägeblätter	DM	10,-- / Stck.
Kompressormeissel	DM	6,50 / Stck.

3.) Zu Ziff. 14   *Geräte*

Es ist vereinbart, daß jeder Partner die Gerätepara-
turen an seinen Geräten selbst vornimmt.

Suchregister

Briefe von der ARGE-Bauleitung an die Partnerfirmen

Briefe von den Partnerfirmen an die ARGE-Bauleitung

§ 15 Verpackungskosten, Be- und Entladekosten, Transportkosten

§ 16 Versicherungen

§ 17 Steuern

§ 19 Prüfung und Überwachung

Allgemein

Laufender Briefverkehr zwischen ARGE-Bauleitung und Partnerfirmen

§ 14 Geräte

§ 15 Verpackungskosten, Be- und Entladekosten, Transportkosten

Allgemein

Briefe von der Technischen Geschäftsführung

§ 6 Aufsichtsstelle (Gesellschafterversammlung)

§ 7 Technische Geschäftsführung

§ 8 Kaufmännische Geschäftsführung

§ 12 Personal

Briefe von der Kaufmännischen Geschäftsführung

§ 6 Aufsichtsstelle (Gesellschafterversammlung)

§ 7 Technische Geschäftsführung

§ 8 Kaufmännische Geschäftsführung

§ 10 Vergütung für Sonderleistungen

Laufender Briefverkehr zwischen den Partnerfirmen

§ 4 Gesellschafterleistungen

§ 6 Aufsichtsstelle (Gesellschafterversammlung)

Briefe an Subunternehmer

Briefe an Lieferantenfirmen und dergleichen

Briefe an Behörden, Ämter und andere Institutionen

Briefe an diverse, sonstige Empfänger

Briefe an Behörden, Ämter und andere Institutionen, im Zusammenhang mit dem Personal

Briefe an Auszubildende oder im Zusammenhang mit Auszubildenden

Briefe direkt an das Personal

Sonstige Briefe im Zusammenhang mit dem Personal

Briefe von der Technischen Geschäftsführung an den Bauherrn

Briefe von der Kaufmännischen Geschäftsführung an den Bauherrn

Briefe von der Bauleitung an den Bauherrn

Kommentar zur VOB/A–SKR

**Von Prof. W. Heiermann, H. Franke und M. Müller unter Mitarbeit von
I. Häußler und E. Fuchs. 1994. 396 Seiten DIN A 5. Geb. DM 138,–
öS 1.076,– / sFr 138,–** ISBN 3-7625-3159-5

Die EG-Sektorenrichtlinie innerhalb der VOB beinhaltet die speziell für Auftraggeber in den Bereichen Wasser-, Energie-, Verkehrsversorgung und Telekommunikation aufgestellten Vergaberegelungen. Dieser Kommentar erläutert Paragraph für Paragraph die einschlägigen Bestimmungen und vermittelt den Anwendern Sicherheit bei der Ausgestaltung der Verdingungsunterlagen und der Auslegung der Vergabebestimmungen.

VOB-Musterbriefe

... für Auftraggeber

**Von Prof. W. Heiermann und L. Linke, Rechtsanwälte. 2., überarbeitete
und erweiterte Auflage 1994. 218 Seiten DIN A 5. Geb. DM 68,–
öS 531,– / sFr 68,–** ISBN 3-7625-2621-4

... für Auftragnehmer

**Von Prof. W. Heiermann und L. Linke, Rechtsanwälte. 7., durchgesehene
und ergänzte Auflage 1994. 251 Seiten DIN A 5. Geb. DM 68,–
öS 531,– / sFr 68,–** ISBN 3-7625-3218-4

Anhand dieser Musterschreiben werden die wichtigsten Probleme, die sich im Zusammenhang mit der Ausschreibung, Vergabe und Ausführung von Bauleistungen ergeben können, leicht verständlich und übersichtlich dargestellt.

Auftraggeber (Architekten und Ingenieure) und Auftragnehmer (ausführende Bauunternehmen) können sich hier schnell und sicher informieren, welche Formerfordernisse sie zu erfüllen haben, damit eine reibungslose Abwicklung des Bauvertrags gewährleistet ist und welche rechtlichen Konsequenzen sich für beide Seiten aus Formfehlern ergeben können. In den Erläuterungen zu den einzelnen Musterschreiben wird auf die jeweils relevanten VOB-Bestimmungen verwiesen.

Preise Stand März '96, Preisänderungen vorbehalten.

BAUVERLAG GMBH · D-65173 Wiesbaden